全国中医药行业高等教育"十二五"规划教材

全国高等中医药院校规划教材（第九版）

仪器分析实验

（新世纪第二版）

（供中药学类、药学类、制药工程等专业用）

主　编　王淑美（广东药学院）

副主编　尹　华（浙江中医药大学）

　　　　卞金辉（成都中医药大学）

　　　　黄建梅（北京中医药大学）

　　　　品青涛（山东中医药大学）

　　　　崔红花（广东药学院）

　　　　张明昶（贵阳中医学院）

中国中医药出版社

·北　京·

图书在版编目（CIP）数据

仪器分析实验／王淑美主编．—2 版．—北京：中国中医

药出版社，2013.7（2023.1重印）

全国中医药行业高等教育"十二五"规划教材

ISBN 978 - 7 - 5132 - 1541 - 1

Ⅰ．①仪…　Ⅱ．①王…　Ⅲ．①仪器分析 - 实验 - 高等

学校 - 教材　Ⅳ．①O657 - 33

中国版本图书馆 CIP 数据核字（2013）第 139545 号

中国中医药出版社出版

北京经济技术开发区科创十三街 31 号院二区 8 号楼

邮政编码　100176

传真　010 - 64405721

三河市同力彩印有限公司印刷

各地新华书店经销

开本 787 × 1092　1/16　印张 5.375　字数 118 千字

2013 年 7 月第 2 版　2023 年 1 月第 10 次印刷

书号　ISBN 978 - 7 - 5132 - 1541 - 1

定价　15.00 元

网址　www.cptcm.com

服 务 热 线　010 - 64405510

购 书 热 线　010 - 89535836

维 权 打 假　010 - 64405753

微信服务号　zgzyycbs

微商城网址　https://kdt.im/LIdUGr

官 方 微 博　http://e.weibo.com/cptcm

天猫旗舰店网址　https://zgzyycbs.tmall.com

如有印装质量问题请与本社出版部联系（010 - 64405510）

版权专有　侵权必究

全国中医药行业高等教育"十二五"规划教材
全国高等中医药院校规划教材（第九版）
专家指导委员会

名誉主任委员　王国强（国家卫生和计划生育委员会副主任
国家中医药管理局局长）

邓铁涛（广州中医药大学教授　国医大师）

主 任 委 员　王志勇（国家中医药管理局副局长）

副主任委员　王永炎（中国中医科学院名誉院长　教授　中国工程院院士）

张伯礼（中国中医科学院院长　天津中医药大学校长　教授
中国工程院院士）

洪　净（国家中医药管理局人事教育司巡视员）

委　　　员　（以姓氏笔画为序）

王　华（湖北中医药大学校长　教授）

王　键（安徽中医药大学校长　教授）

王之虹（长春中医药大学校长　教授）

王国辰（国家中医药管理局教材办公室主任
全国中医药高等教育学会教材建设研究会秘书长
中国中医药出版社社长）

王省良（广州中医药大学校长　教授）

车念聪（首都医科大学中医药学院院长　教授）

孔祥骊（河北中医学院院长　教授）

石学敏（天津中医药大学教授　中国工程院院士）

匡海学（黑龙江中医药大学校长　教授）

刘振民（全国中医药高等教育学会顾问　北京中医药大学教授）

孙秋华（浙江中医药大学党委书记　教授）

严世芸（上海中医药大学教授）

杨　柱（贵阳中医学院院长　教授）

杨关林（辽宁中医药大学校长　教授）

李大鹏（中国工程院院士）

李亚宁（国家中医药管理局中医师资格认证中心）

李玛琳（云南中医学院院长　教授）

李连达（中国中医科学院研究员　中国工程院院士）

李金田（甘肃中医学院院长　教授）

吴以岭（中国工程院院士）

吴咸中（天津中西医结合医院主任医师　中国工程院院士）

吴勉华（南京中医药大学校长　教授）

肖培根（中国医学科学院研究员　中国工程院院士）

陈可冀（中国中医科学院研究员　中国科学院院士）

陈立典（福建中医药大学校长　教授）

陈明人（江西中医药大学校长　教授）

范永升（浙江中医药大学校长　教授）

欧阳兵（山东中医药大学校长　教授）

周　然（山西中医学院院长　教授）

周永学（陕西中医学院院长　教授）

周仲瑛（南京中医药大学教授　国医大师）

郑玉玲（河南中医学院院长　教授）

胡之璧（上海中医药大学教授　中国工程院院士）

耿　直（新疆医科大学副校长　教授）

徐安龙（北京中医药大学校长　教授）

唐　农（广西中医药大学校长　教授）

梁繁荣（成都中医药大学校长　教授）

程莘农（中国中医科学院研究员　中国工程院院士）

谢建群（上海中医药大学常务副校长　教授）

路志正（中国中医科学院研究员　国医大师）

廖端芳（湖南中医药大学校长　教授）

颜德馨（上海铁路医院主任医师　国医大师）

秘　书　长　王　键（安徽中医药大学校长　教授）

洪　净（国家中医药管理局人事教育司巡视员）

王国辰（国家中医药管理局教材办公室主任
　　　　　全国中医药高等教育学会教材建设研究会秘书长
　　　　　中国中医药出版社社长）

办公室主任　周　杰（国家中医药管理局科技司　副司长）

林超岱（国家中医药管理局教材办公室副主任
　　　　中国中医药出版社副社长）

李秀明（中国中医药出版社副社长）

办公室副主任　王淑珍（全国中医药高等教育学会教材建设研究会副秘书长
　　　　　　　中国中医药出版社教材编辑部主任）

全国中医药行业高等教育"十二五"规划教材
全国高等中医药院校规划教材（第九版）

《仪器分析实验》编委会

主　编　王淑美（广东药学院）
副主编　尹　华（浙江中医药大学）
　　　　卞金辉（成都中医药大学）
　　　　黄建梅（北京中医药大学）
　　　　吕青涛（山东中医药大学）
　　　　崔红花（广东药学院）
　　　　张明昶（贵阳中医学院）
编　委　王新宏（上海中医药大学）
　　　　邓海山（南京中医药大学）
　　　　陈晓霞（辽宁中医药大学）
　　　　吴　萍（湖南中医药大学）
　　　　黄荣增（湖北中医药大学）
　　　　彭晓霞（甘肃中医学院）
　　　　王　瑞（山西中医学院）
　　　　何翠微（广西中医药大学）
　　　　曹秀莲（河北医科大学中医学院）
　　　　贺少堂（陕西中医学院）
　　　　徐可进（长春中医药大学）
　　　　蒋　亚（西南交通大学药学院）
　　　　李　锦（天津中医药大学）
　　　　崔永霞（河南中医学院）
　　　　谢晓梅（安徽中医药大学）
　　　　陈　丽（福建中医药大学）
　　　　谢一辉（江西中医药大学）
　　　　范卓文（黑龙江中医药大学）

前　言

　　"全国中医药行业高等教育'十二五'规划教材"（以下简称："十二五"行规教材）是为贯彻落实《国家中长期教育改革和发展规划纲要（2010—2020）》《教育部关于"十二五"普通高等教育本科教材建设的若干意见》和《中医药事业发展"十二五"规划》的精神，依据行业人才培养和需求，以及全国各高等中医药院校教育教学改革新发展，在国家中医药管理局人事教育司的主持下，由国家中医药管理局教材办公室、全国中医药高等教育学会教材建设研究会，采用"政府指导，学会主办，院校联办，出版社协办"的运作机制，在总结历版中医药行业教材的成功经验，特别是新世纪全国高等中医药院校规划教材成功经验的基础上，统一规划、统一设计、全国公开招标、专家委员会严格遴选主编、各院校专家积极参与编写的行业规划教材。鉴于由中医药行业主管部门主持编写的"全国高等中医药院校教材"（六版以前称"统编教材"），进入2000年后，已陆续出版第七版、第八版行规教材，故本套"十二五"行规教材为第九版。

　　本套教材坚持以育人为本，重视发挥教材在人才培养中的基础性作用，充分展现我国中医药教育、医疗、保健、科研、产业、文化等方面取得的新成就，力争成为符合教育规律和中医药人才成长规律，并具有科学性、先进性、适用性的优秀教材。

　　本套教材具有以下主要特色：

　　1. 坚持采用"政府指导，学会主办，院校联办，出版社协办"的运作机制

　　2001年，在规划全国中医药行业高等教育"十五"规划教材时，国家中医药管理局制定了"政府指导，学会主办，院校联办，出版社协办"的运作机制。经过两版教材的实践，证明该运作机制科学、合理、高效，符合新时期教育部关于高等教育教材建设的精神，是适应新形势下高水平中医药人才培养的教材建设机制，能够有效解决中医药事业人才培养日益紧迫的需求。因此，本套教材坚持采用这个运作机制。

　　2. 整体规划，优化结构，强化特色

　　"'十二五'行规教材"，对高等中医药院校3个层次（研究生、七年制、五年制）、多个专业（全覆盖目前各中医药院校所设置专业）的必修课程进行了全面规划。在数量上较"十五"（第七版）、"十一五"（第八版）明显增加，专业门类齐全，能满足各院校教学需求。特别是在"十五""十一五"优秀教材基础上，进一步优化教材结构，强化特色，重点建设主干基础课程、专业核心课程，增加实验实践类教材，推出部分数字化教材。

　　3. 公开招标，专家评议，健全主编遴选制度

　　本套教材坚持公开招标、公平竞争、公正遴选主编的原则。国家中医药管理局教材办公室和全国中医药高等教育学会教材建设研究会，制订了主编遴选评分标准，排除各种可能影响公正的因素。经过专家评审委员会严格评议，遴选出一批教学名师、教学一线资深教师担任主编。实行主编负责制，强化主编在教材中的责任感和使命感，为教材质量提供保证。

　　4. 进一步发挥高等中医药院校在教材建设中的主体作用

　　各高等中医药院校既是教材编写的主体，又是教材的主要使用单位。"'十二五'行规教材"，得到各院校积极支持，教学名师、优秀学科带头人、一线优秀教师积极参加，凡被选中参编的教师都以高涨的热情、高度负责、严肃认真的态度完成了本套教材的编写任务。

5. 继续发挥教材在执业医师和职称考试中的标杆作用

我国实行中医、中西医结合执业医师资格考试认证准入制度，以及全国中医药行业职称考试制度。2004 年，国家中医药管理局组织全国专家，对"十五"（第七版）中医药行业规划教材，进行了严格的审议、评估和论证，认为"十五"行业规划教材，较历版教材的质量都有显著提高，与时俱进，故决定以此作为中医、中西医结合执业医师考试和职称考试的蓝本教材。"十五"（第七版）行规教材、"十一五"（第八版）行规教材，均在 2004 年以后的历年上述考试中发挥了权威标杆作用。"十二五"（第九版）行业规划教材，已经并继续在行业的各种考试中发挥标杆作用。

6. 分批进行，注重质量

为保证教材质量，"十二五"行规教材采取分批启动方式。第一批于 2011 年 4 月，启动了中医学、中药学、针灸推拿学、中西医临床医学、护理学、针刀医学 6 个本科专业 112 种规划教材，于 2012 年陆续出版，已全面进入各院校教学中。2013 年 11 月，启动了第二批"'十二五'行规教材"，包括：研究生教材、中医学专业骨伤方向教材（七年制、五年制共用）、卫生事业管理类专业教材、中西医临床医学专业基础类教材、非计算机专业用计算机教材，共 64 种。

7. 锤炼精品，改革创新

"'十二五'行规教材"着力提高教材质量，锤炼精品，在继承与发扬、传统与现代、理论与实践的结合上体现了中医药教材的特色；学科定位更准确，理论阐述更系统，概念表述更为规范，结构设计更为合理；教材的科学性、继承性、先进性、启发性、教学适应性较前八版有不同程度提高。同时紧密结合学科专业发展和教育教学改革，更新内容，丰富形式，不断完善，将各学科的新知识、新技术、新成果写入教材，形成"十二五"期间反映时代特点、与时俱进的教材体系，确保优质教材进课堂。为提高中医药高等教育教学质量和人才培养质量提供有力保障。同时，"十二五"行规教材还特别注重教材内容在传授知识的同时，传授获取知识和创造知识的方法。

综上所述，"十二五"行规教材由国家中医药管理局宏观指导，全国中医药高等教育学会教材建设研究会倾力主办，全国各高等中医药院校高水平专家联合编写，中国中医药出版社积极协办，整个运作机制协调有序，环环紧扣，为整套教材质量的提高提供了保障，打造"十二五"期间全国高等中医药教育的主流教材，使其成为提高中医药高等教育教学质量和人才培养质量最权威的教材体系。

"十二五"行规教材在继承的基础上进行了改革和创新，但在探索的过程中，难免有不足之处，敬请各教学单位、教学人员及广大学生在使用中发现问题及时提出，以便在重印或再版时予以修正，使教材质量不断提升。

国家中医药管理局教材办公室
全国中医药高等教育学会教材建设研究会
中国中医药出版社
2014 年 12 月

编写说明

　　《仪器分析实验》是全国中医药行业高等教育"十二五"规划教材、全国高等中医药院校规划教材（第九版）《仪器分析》的配套教材。是依据《仪器分析》教学大纲和各院校的使用实际情况编写而成。全书共十章，四十二个实验。章节按照教材内容编排，与教材内容对应，以利于教学和训练学生的基本实验技能。内容包括：仪器分析实验的一般知识、紫外－可见分光光度法、红外分光光度法、荧光分析法、原子光谱法、经典液相色谱法、气相色谱法、高效液相色谱法、综合性实验、设计性实验。

　　全书收载实验内容丰富，验证性实验都是成熟的实验题材，重现性好，易于操作，有些是《中国药典》的实际内容，设计性实验和综合性实验也是结合中药分析选取素材，专业特色明显，实用性强，既可得到方法学训练，又可得到专业训练，为将来从事中药类工作打下良好的分析实验基础。

　　本实验教材是在新世纪全国高等中医药院校规划教材《分析化学实验》基础上，结合各兄弟院校实验课程开设情况修订而成，内容丰富，以供各校根据实验情况选用。

　　由于编者水平有限，错误之处在所难免，请广大读者在使用过程中多提宝贵意见，以便再版时修订提高。

《仪器分析实验》编委会

2013 年 6 月

目　录

第一章
仪器分析实验的一般知识

一、仪器分析实验的要求

仪器分析实验是学生在教师的指导下，以分析仪器为工具，获取所需物质化学组成和结构等信息的教学实验活动。仪器分析作为现代的分析测试手段，日益广泛地为许多领域内的科研和生产提供大量的关于物质组成、含量及物质结构等方面的信息，已成为中药类专业的重要课程之一。通过仪器分析实验，可以加深对有关仪器分析基本原理的理解，并掌握必要的实验基础知识和基本操作技能，学会正确地使用分析仪器，合理地选择实验条件，为中药生产和研究服务；同时，通过学习实验数据的处理方法，可以正确地表达实验结果，培养严谨求实的科学态度、科技创新的精神和独立工作的能力。为了达到以上教学目的，对仪器分析实验提出以下基本要求。

1. 做好各项预习。由于仪器比较昂贵，一般采用大循环方式组织教学，因而实验安排与讲课内容通常不能同步进行。在这种情况下，学生在实验前必须做好预习工作。

（1）仔细阅读仪器分析实验教材、教科书中的相关内容和仪器使用说明书。

（2）明确实验的目的和要求，透彻理解实验的基本原理。

（3）认真思考实验前内容及操作步骤、实验时应注意的事项。

（4）通过自己对本实验的理解，在记录本上简要地写好实验预习报告，预习报告的格式可以自己拟定。

2. 学会正确使用仪器。认真听取老师对仪器使用的讲解，要在教师指导下熟悉和使用仪器，勤学好问，未经教师允许不得随意开动或关闭仪器，更不得随意旋转仪器旋钮、改变仪器工作参数等。详细了解仪器的性能，防止损坏仪器或发生安全事故。

3. 应始终保持实验室的整洁和安静，遵守实验室的各项规章制度。

4. 在实验过程中，要认真学习有关分析方法的基本技术；要细心观察实验现象，仔细记录实验条件和分析测试的原始数据；要学会选择最佳的实验条件；要积极思考，勤于动手，培养良好的实验习惯和科学作风。

5. 爱护实验仪器设备。实验中如发现仪器工作不正常，应及时报告，由教师处理。

6. 每次实验结束，应将所用仪器复原，清洗好用过的器皿，整理好实验室，请指导教师检查验收认可后方可离开实验室。

7. 认真写好实验报告。实验报告应简明扼要，图表清晰。实验报告的内容包括实验名称、实验日期、方法原理、仪器名称及型号、主要仪器工作参数、实验步骤、实验数据或图谱、实验中出现的现象、实验数据分析和结果处理、问题讨论等。

二、仪器分析实验室安全知识

在仪器分析实验中，经常使用具有腐蚀性、易燃、易爆或有毒的化学试剂等。因此，在实验室安全方面，主要应预防燃气、高压气体、高压电源、易燃易爆化学品等可能产生的火灾、爆炸事故。为确保实验的正常进行和人身安全，学生进入实验室后必须严格遵守实验室的安全规则。

1. 实验室内严禁饮食、吸烟，一切化学药品严禁入口。实验器皿切勿用作餐具。离开实验室时要仔细洗手，如曾使用过毒物，还应漱口。

2. 水、电使用完毕后，应立即关闭。

3. 避免浓酸、浓碱等具有强烈腐蚀性的试剂溅在皮肤和衣服上。使用浓 HNO_3、HCl、H_2SO_4、$HClO_4$、$NH_3 \cdot H_2O$ 时，均应在通风橱中操作，绝不允许直接加热。稀释浓硫酸时，应将浓硫酸慢慢地注入水中，绝不能将水倒入浓硫酸中。装过强腐蚀性、易爆或有毒药品的容器，应由操作者及时洗净。

4. 废弃物应放入实验室指定存放的地方。废酸、废碱等小心倒入废液缸，切勿倒入水槽内，以免腐蚀下水道。

5. 如果在实验过程中发生着火，应尽快切断电源和燃气源，并选择合适的灭火器材扑灭之。若着火面积较大，在尽力扑救的同时应及时报警。

6. 使用各种仪器时，要在教师讲解或自己仔细阅读并理解操作规程后，方可动手操作。实验室电器设备的功率不得超过电源负载能力。电器设备使用前应检查其是否漏电，装置和设备的金属外壳等都应连接地线。使用电器时，人体与电器导电部分不能直接接触。也不能用湿手按触电器插头。

7. 如发生烫伤和割伤应及时处理，严重者应立即送医院救治。

8. 使用高压钢瓶时，要严格按操作规程操作。高压钢瓶的种类可根据其颜色加以辨认（见表 1－1）。

表 1－1　不同高压钢瓶的辨认

气体名称	瓶体颜色	字样	字样颜色	横条颜色
氧气	天蓝	氧	黑	
氢气	深绿	氢	红	
氮气	黑	氮	黄	棕
二氧化碳	黑	二氧化碳	黄	
压缩空气	黑	压缩空气	白	
硫化氢	白	硫化氢	红	红
二氧化硫	黑	二氧化硫	白	黄
石油气	灰	石油气体	红	
氩气	灰	纯氩	绿	

三、实验数据记录和处理

1. 实验数据的记录

（1）实验数据的记录应使用编有页码的实验记录本；在实验中，本着实事求是、严谨的科学态度，认真并及时准确地记录下来各种测量数据。切忌夹杂主观因素随意拼凑或伪造实验数据。绝不能将数据记录在单片纸或记在书上、手掌上等。

（2）实验开始之前，应首先记录实验名称、实验日期、实验室气候条件（包括温度、湿度和天气状况等）、仪器型号、仪器参数、测试条件等。

（3）实验过程中测量数据时，应根据所用仪器的精密度正确处理有效数字的位数。

（4）实验过程中的每一个数据都是测量结果，重复测量时，即使数据完全相同，也应认真记录下来。

（5）实验完毕后，将完整实验数据记录交给实验指导教师检查并签字。

2. 实验数据的表达和处理

（1）实验数据表达

数据表达可用列表法、图解法和数学方程式表示法显示实验数据间的相互关系、变化趋势等相关信息，清楚地反映出各变量之间的定量关系，以便进一步分析实验现象，得出规律性结论。

① 列表法：列表法是将有关数据及计算按一定形式列成表格，具有简单明了、便于比较等优点。实验的原始数据一般用列表法记录。

② 图解法：图解法是将实验数据各变量之间的变化规律绘制成图，能够把变量间的变化趋向，如极大、极小、转折点、周期性以及变化速率等重要特性直观地显示出来，便于分析研究。该法现在主要通过计算机相关处理软件进行绘图。

③ 数学方程式表示法：仪器分析实验数据的自变量与因变量之间多呈直线关系，或是经过适当变化后，使之呈现直线关系，通过计算机相关处理软件处理后便得到相应的数学方程式（也叫回归方程）。许多分析方法利用这一特性由数学方程式算出待测组分的含量。

（2）数据的统计学处理

在仪器分析试验中涉及的统计学处理主要有可疑值的取舍、平均值、标准偏差和相对标准偏差等，有关计算方法参阅相关教材内容。对于分析结果，当含量大于1%且小于10%时，用3位有效数字表示；当含量大于10%时，则用4位有效数字表示。

结果表达和方法评价

根据测量仪器的精密度和计算过程的误差传递规律，正确地表达分析结果，必要时还要表达其置信区间。对于方法正确性，要从精密度和准确度两个方面进行评价。精密度可以用重复性试验进行评价，即在一个相当短的时间内，用选用的方法对同一份样品进行多次重复测定，用相对标准偏差表示；准确度可用回收实验进行评价，即将被测物的标准溶液加入待测试样中作为回收样品，原待测试样加入等量的无被测物的溶液作为基础样品，然后同时用选用方法对两试样进行测定，通过以下公式计算出回收率。

$$回收率 = \frac{回收量}{加入量} \times 100\%$$

一般实验要求回收率为95%～105%。

在药物分析中常用加样回收率，即用已知纯度的对照品做加样回收测定，于已知被测成分含量的供试品中再精密加入一定量的已知纯度的被测成分对照品，依法测定。用实测值与供试品中含有量之差，除以加入对照品量计算回收率。

3. 实验报告的书写

实验完毕，应用专门的实验报告本及时而认真地写出实验报告。仪器分析实验报告一般包括以下内容。

（1）实验编号和实验名称。

（2）实验目的。

（3）实验原理。

（4）主要试剂和仪器。列出实验中所用的主要试剂和仪器，并注明实验条件、仪器参数。

（5）实验步骤。

（6）实验数据及处理。应用文字、表格、图形将数据表示出来。根据实验要求及计算公式计算出分析结果并进行有关数据和误差处理。

（7）问题讨论。对实验教材上思考题和实验中观察到的现象、产生误差的原因等进行讨论和分析，以提高自己分析问题和解决问题的能力。

四、样品前处理技术

样品前处理指样品的制备和对样品采用适当分解和溶解及对待测组分进行提取、净化、浓缩的过程，使被测组分转变成可测定的形式以进行定性、定量分析检测。若选择的前处理手段不当，常常使某些组分损失，干扰组分的影响不能完全除去或引入杂质。对于中药分析而言，含量一般较低，样品的前处理尤为重要。

对于测定各类样品中的无机元素，一般需要先破坏样品中的有机物质。选用何种方法，在某种程度上取决于分析元素和被测样品的基本性质。本章主要介绍几种常用的前处理方法。

1. 干法灰化

样品一般先经100℃～105℃干燥，除去水分及挥发物质。灰化温度及时间是需要选择的，一般灰化温度为450℃～600℃。通常将盛有样品的坩埚(一般可采用铂金坩埚、陶瓷坩埚等)放入马弗炉内进行灰化灼烧完全，只留下不挥发的无机残留物。这种残留物主要是金属氧化物以及非挥发性硫酸盐、磷酸盐和硅酸盐等。这种技术最主要的缺点是转变成挥发形式的成分会很快地部分或全部损失。灰化温度不宜过低，温度低则灰化不完全，残存的小炭粒易吸附金属元素，很难用稀酸溶解，造成结果偏低；灰化温度过高，则损失严重。高温干灰化法一般适用于金属氧化物，因为大多数非金属甚至某些金属常会氧化成挥发性产物，如 As、Sb、Ge、Ti 和 Hg 等易造成损失。

药物分析中多采用高温干灰化法，一般控制在 500℃ ~ 600℃进行干法灰化，灰化温度若高于 600℃会引起样品的损失。

2. 湿法消解

湿法消解属于氧化分解法。用液体或液体与固体混合物作氧化剂，在一定温度下分解样品中的有机质，此过程称为湿法消解。湿法消解与干法灰化不同。干法灰化是靠升高温度或增强氧的氧化能力来分解样品中有机质，而湿法消解则是依靠氧化剂的氧化能力来分解样品，温度并不是主要因素。湿法消解常用的氧化剂有 HNO_3、H_2SO_4、$HClO_4$、H_2O_2 和 $KMnO_4$ 等。湿法消解又分为稀酸消解法、浓酸消解法和混合酸消解法。

3. 熔融分解法

某些样品用酸不能分解或分解不完全，常采用熔融分解法。熔融分解法将试样和溶剂在坩埚中混匀，于 500℃ ~ 900℃的高温下进行熔融分解。利用熔融分解试样一般是复分解反应，通常也是可逆反应，因此必须加入过量的溶剂，以利于反应的进行。

熔融分解法按所用熔剂的性质分为酸熔和碱熔两类。酸熔采用的酸性熔剂为钾（钠）的酸性硫酸盐、焦硫酸盐及酸性氟化物等，碱熔采用的碱性熔剂为碱金属的碳酸盐、硼酸盐、氢氧化物及过氧化物等。

对于酸熔，一般使用玻璃容器，若用氢氟酸时，应采用聚四氟氯乙烯坩埚，但处理样品温度不能超过 250℃；若温度更高，则需使用铂坩埚。对于碳酸盐、硫酸盐、氟化物以及硼酸盐等样品，则应使用铂金坩埚；对于氧化物、氢氧化物以及过氧化物，宜用石墨坩埚和刚玉坩埚。

第二章　紫外－可见分光光度法

实验一　可见分光光度计的性能检验

一、目的要求

1. 掌握分光光度计的重现性、波长精度检查等性能检验方法。
2. 熟悉分光光度计的使用方法。

二、实验原理

1. 分光光度计的性能好坏，直接影响到测定结果的准确性，因此新购仪器及使用一定时间后，均需进行检验调整。

2. 利用镨钕滤光片的特征吸收峰值检验波长精度。

3. 同种厚度的吸收池，由于材料及工艺等原因，往往造成透光率的不一致，从而影响测定结果，故在使用时需加以选择配对。

三、仪器与试剂

1. 仪器

可见分光光度计(配镨钕滤光片)。

2. 试剂

0.02mol/L $K_2Cr_2O_7$ 溶液。

四、实验内容与步骤

1. 吸收池的配对性

同种厚度的吸收池之间，透光率误差应小于0.5%。检查方法如下：将蒸馏水分别注入厚度相同的几个吸收池中，以其中任一个吸收池的溶液做空白，在440nm波长处分别测定其他各吸收池中溶液的透光率，然后选择相差小于0.5%的吸收池使用。

2. 重现性

仪器在同一工作条件下，用同种溶液连续测定7次，其透光率最大读数与最小读数之差(极差)应小于0.5%。检查方法：以蒸馏水的透光率为100%，用同一 $K_2Cr_2O_7$ 溶液连续测定7次，求出极差，如小于0.5%，则符合要求。

3. 波长精度的检查

为了检查分光系统的质量，可用仪器自带的镨钕滤光片在 529nm 和 808nm 处测定其特征吸收峰。检查方法：在透光率状态下，将镨钕滤光片（吸收池盒中，蓝色）放置在吸收池架中，移入光路，将波长调至约 500nm（或 780nm）处，一边缓缓转动波长旋钮，一边观察数字显示器，当显示读数为最小值时，即为镨钕滤光片的吸收峰，此时读出波长值，波长值应等于 529nm±2nm（或 808nm±2nm），说明该仪器符合使用要求。

4. 吸收池透光率的检查

吸收池透光面应无色透明。以空气的透光率为 100%，则吸收池的透光率应不低于84%，同时在 450、650nm 处测定其透光率，各透光率差值应小于 5%。

五、注意事项

1. 仪器预热时应将光闸门处于关的位置，可避免光电倍增管照光，延长光电倍增管的使用寿命。

2. 如果大幅度改变测试波长时，需要等数分钟后，才能正常工作。因波长大幅移动时，光能量变化急剧，光电管受光后响应缓慢。

3. 每台仪器所配套的吸收池不能与其他仪器上的吸收池单个调换。

4. 仪器使用完毕后，用随机提供的塑料套罩住，在套子内应放数袋硅胶，以免灯室受潮。反射镜发霉或沾污会影响仪器能量。

5. 吸收池每次使用完毕后，应立即用蒸馏水洗净，用吸水纸揩干，存于吸收池的盒内。

6. 仪器工作 1 个月左右或搬动后，要重新进行波长精确性等方面的检查，以确保仪器的使用和测定的精确。

六、数据处理

1. 根据测得的透光率计算极差，判断仪器的重现性是否符合要求。

2. 根据测得的透光率画出吸收曲线，找出特征吸收峰，判断仪器是否符合使用要求。

七、思考题

1. 同种吸收池透光度的差异对测定有何影响？

2. 检查分光光度计的波长精度及重现性对测定有什么实际意义？

附：721 型分光光度计使用方法

（1）仪器应安放在干燥房间内坚固平整的工作台上。

（2）使用前，需了解本仪器的结构、工作原理及各操作旋钮的功能。在接通电源前，应对仪器的安全性进行检查，如接地是否良好，各调节旋钮的起始位置是否正确，然后再接通电源。

（3）未开启电源时，电表指针必须处于零位，若非如此，可用电表上的校正螺丝进行调整。

（4）将仪器的电源开关接通，打开比色皿暗箱盖，使电表指针处于零位，预热20分钟后，选择所需波长及相应的放大灵敏度，用调零旋钮校正电表指针到零位。

（5）将仪器的比色皿暗箱盖关上，比色皿座架处于空白校正位置，此时光路通光，光电管有信号输出，旋转光量调节器，使光电管输出的光电信号能将指针正确处于满刻度，即100%T。

（6）按上述方式连续几次调整零位和100%T，此时仪器便可用于进行测定。

（7）放大器灵敏度的选择是根据不同单色光波长光能量不一致时分别选用，其各档的灵敏度范围是：第一档×1倍，第二档×10倍，第三档×20倍。原则是能使空白档良好地用光量调节器调整于100%T处。

（8）空白档可以采用空气空白、蒸馏水空白或其他有色溶液或中性消光玻璃作陪衬，空白调节于100%T处，能提高消光读数，以适应溶液的高含量测定。

（9）根据溶液含量的不同可以酌情选用不同规格光径长度的比色皿，目的是使电表读数处于吸光度0.8之内。

（10）为确保仪器稳定工作，在电压波动较大的地方，电源要预先稳压，建议备220V稳压器一只(磁饱和式或电子稳压式)；当仪器工作不正常时，如无输出，光源灯不亮，电表指针不动，应首先检查保险丝是否损坏，然后检查电路。仪器要接地良好，仪器底部有二只干燥剂筒，应保持其干燥，发现变色立即更换或烘干再用。

仪器停止使用后，另外有两包硅胶放在比色皿暗箱内，也应定期烘干。

当仪器停止工作时，必须切断电源，开关放在"关"的位置，为了避免仪器积灰和沾污，用塑料套罩住整个仪器，在套内应放数袋防潮硅胶。仪器工作1个月左右和搬动后，要重新进行波长精确性等方面的检查，以确保仪器的使用和测定的精度。

721型分光光度计光路如下：

由光源灯发出的连续辐射光线，射到聚光透镜上，会聚后再经过平面镜转角90°。反

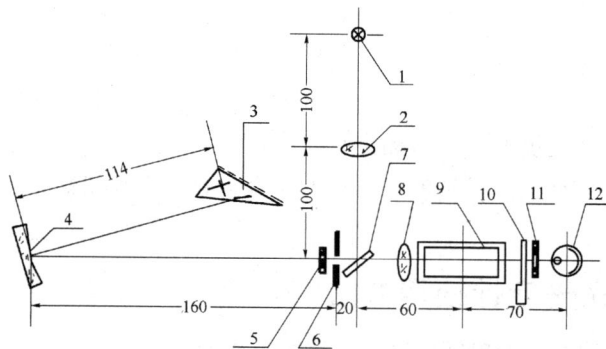

图2-1　721型分光光度计光路图

1. 光源灯12V 25W；2. 聚光透镜；3. 色散棱镜；4. 准直镜；5. 保护玻璃；6. 狭缝；7. 反射镜；8. 聚光透镜；
9. 比色皿；10. 光门；11. 保护玻璃；12. 光电管

射到入射狭缝，由此入射到单色器内，狭缝正好位于球面准直镜的焦面上，当入射光线经过准直镜反射后就以一束平行光射向棱镜(该棱镜的背面镀铝)，光线进入棱镜后，就在其中色散，入射角在最小偏向角，入射光在铝面上反射后依原路稍偏转一个角度反射回来，这样从棱镜色散后出来的光线再经过物镜反射后，就会聚在出光狭缝上，出射狭缝和入射狭缝是一体的，为减少谱线通过棱镜后呈弯曲形状对单色性的影响，因此把狭缝的二片刀口做成弧形，以便近似地吻合谱线的弯曲度，保证仪器有一定幅度的单色性。

实验二　吸收曲线的测绘

一、目的要求

1. 掌握测定及绘制药物吸收曲线的方法。
2. 掌握紫外－可见分光光度计的使用方法。

二、实验原理

在紫外－可见光区，物质对光的吸收主要是分子中电子能级跃迁所致，同时伴随着分子的转动和振动能级的变化，因此电子吸收光谱一般比较简单、平缓。

紫外吸收光谱能表征化合物的显色基团和显色分子母核，作为化合物的定性依据，相同的化合物其紫外吸收光谱一定相同。

实验证明，若溶剂固定不变，化合物吸收曲线所出现的 λ_{max}、λ_{min} 或 λ_{sh} 为一定值，且它们的数目也一定，从而为鉴别化合物提供了有力的依据。

根据《中国药典》规定，百分吸光系数是指当溶液浓度为 1%，液层厚度为 1cm 时，指定波长的吸光度。即 $E_{1cm}^{1\%} = \dfrac{A}{C \cdot l}$。

化合物对光选择吸收的波长以及相应的吸光系数，是该化合物的物理常数，当已知某纯化合物在一定条件下的吸光系数后，即可由上式计算出该化合物的含量。

三、仪器与试剂

1. 仪器

紫外－可见分光光度计、量瓶、吸量管。

2. 试样

维生素 B_{12} 注射液。

四、实验内容与步骤

取维生素 B_{12} 注射液，稀释成 $100\mu g/mL$ 的水溶液，作为试样溶液。将此被测溶液与空白溶液(水)分别盛装于 1cm 厚的吸收池中，放置在仪器的吸收池架上，按仪器使用方法进行操作。从仪器波长范围的上限(或下限)开始，每隔 10nm 测量一次，在吸收峰和吸收谷处，每隔2nm测量一次，每次测量均需用空白调节100%透光率，然后读取测定溶液的透光率（或吸光度），记录不同波长处的测定值。以波长为横坐标，吸光度为纵坐标作图，并连成曲线，即得吸收曲线。也可由双光束型紫外－可见分光光度计自动画出吸收曲线。

五、注意事项

1. 严格按仪器的操作要求进行。
2. 每调整一次波长均需用空白重新调节100%透光率。

六、数据处理

以波长为横坐标，以吸光度为纵坐标绘制吸收曲线。

七、思考题

1. 单色光不纯对于测得的吸收曲线有什么影响？
2. 不同仪器上测得的吸收曲线是否一样？为什么？

实验三　槐花中总黄酮的含量测定

一、目的要求

1. 掌握总黄酮含量测定的方法。
2. 掌握标准曲线法测定药物成分的方法。

二、实验原理

槐花中的主要化学成分为黄酮类，黄酮类化合物具有

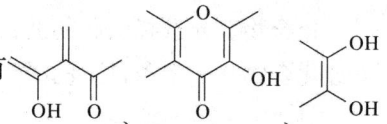

结构，可与铝盐、铅盐、镁盐等金属盐类试剂反应，生成有色配合物，可用可见分光光度法测定其含量。

本实验总黄酮含量以芦丁计，芦丁为黄酮苷，能与 Al^{3+} 生成黄色配合物，在 $NaNO_2$ 的碱性溶液中呈红色，在 500nm 波长处有最大吸收。据此显色反应用光度法测定芦丁，显色反应需要具备良好的重现性与灵敏性，因此必须控制反应的条件，主要是溶剂种类、试剂用量、溶液酸碱度、反应时间和显色时间等。

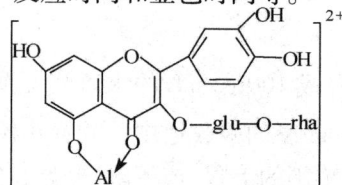

三、仪器与试剂

1. 仪器

紫外 – 可见分光光度计；量瓶（100mL、25mL）；移液管（10mL）；吸量管（1mL、5mL）；索氏提取器。

2. 试剂

甲醇；5% 亚硝酸钠溶液；10% 硝酸铝溶液；1mol/L 氢氧化钠溶液；乙醚。

3. 试药

芦丁对照品；槐花样品。

四、实验内容与步骤

1. 对照品溶液的制备

取芦丁对照品 50mg，精密称定，置 25mL 量瓶中，加甲醇适量，置水浴上微热使溶解，放冷，加甲醇至刻度，摇匀。精密量取 10mL，置 100mL 量瓶中，加水至刻度，摇匀，即得（每 1mL 中含芦丁 0.2mg）。

2. 标准曲线的制备

精密量取对照品溶液 1mL、2mL、3mL、4mL、5mL 与 6mL，分别置 25mL 量瓶中，各加水至 6.0mL，加 5% 亚硝酸钠溶液 1mL，混匀，放置 6 分钟，加 10% 硝酸铝溶液 1mL，摇匀，放置 6 分钟，加氢氧化钠试液 10mL，再加水至刻度，摇匀，放置 15 分钟，以相应的试剂为空白，在 500nm 波长处测定吸光度，以吸光度为纵坐标，浓度为横坐标，绘制标准曲线。

3. 样品测定

取本品粗粉约 1g，精密称定，置索氏提取器中，加乙醚适量，加热回流至提取液无色，放冷，弃去乙醚液。再加甲醇 90mL，加热回流至提取液无色，转移至 100mL 量瓶中，用甲醇少量洗涤容器，洗液并入同一量瓶中，加甲醇至刻度，摇匀。精密量取 10mL，置 100mL 量瓶中，加水至刻度，摇匀。精密量取 3mL，置 25mL 量瓶中，照标准曲线制备项下的方法，自"加水至 6.0mL"起，依法测定吸光度，从标准曲线上读出供试品溶液中含芦丁的重量（μg），计算，即得。

本品按干燥品计算，含总黄酮以芦丁（$C_{27}H_{30}O_{16}$）计，槐花不得少于 8.0%。

五、注意事项

1. 加入各种试剂的顺序应按操作方法进行。

2. 本显色反应为配位反应，反应速度较慢，故每加入一种试剂后应充分振摇，以利反应完全。

六、数据处理

1. 根据测得的对照品的数据，绘制 $A – C$ 标准曲线或计算回归方程。

2. 根据测得的样品的数据，从标准曲线上读出或由回归方程计算出样品溶液中芦丁的重量（mg），按下式计算：

$$总黄酮（\%）= \frac{标准曲线上读出的浓度（mg/mL）\times 25mL}{3mL} \times 100\%$$

七、思考题

1. 试述标准曲线法的优点。
2. 影响显色反应的因素有哪些？

实验四　紫外分光光度计的性能检验

一、目的要求

初步掌握紫外分光光度计部分性能的检定方法及仪器的使用方法。

二、实验原理

分光光度计性能的好坏，直接影响测定结果的准确程度。各国药典中所采用的分光光度法大致分两类：一类是以美国药典为代表，不给出纯品的吸光系数，但需备有标准品，测定时试样和标准品同时操作，以抵消仪器的误差；另一类是以英国药典为代表，项目中给出纯品的吸光系数，定量时与已知的吸光系数相比较即可，但对仪器的性能要求甚高。我国目前采用英国药典方法。

三、实验内容与步骤

1. 吸收池的配对性

石英制的吸收池对紫外线亦稍有吸收，1cm 的吸收池在 220～280nm 的波长范围内，以空气为 100% 透光率，其透光率往往小于 100%，且每个吸收池吸收多少也不完全相同，在每次测定前应做吸收池的配对检验。

检验方法参见"可见分光光度计的性能检验"。

2. 波长准确度

（1）波长准确度的允许误差范围：双光束光栅型紫外－可见分光光度计波长准确度允许误差为 ±0.5nm，单光束棱镜型 350nm 处 ±0.7nm，500nm 处 ±2.0nm，700nm 处 ±4.8nm。

（2）波长准确度检定方法

①用低压汞灯检定：关闭仪器光源，将汞灯（用笔式汞灯最方便）直接对准进光狭缝，如为双光束仪器，用单光束能量测定，采用波长扫描方式，扫描速度"慢"（如15nm/min），响应"快"，最小狭缝宽度如 0.1mm，量程 0%～100%，在 200～800nm 范围内单方向重复扫描 3 次，由仪器识别记录各峰值（若仪器无"峰检测"功能，必要时可

对指定波长进行"单峰"扫描)。

单光束仪器以 751G 型为例,可将选择开关放在 ×0.1 位置,透光率读数放在 100(或选择开关放在 ×1,透光率放在 10),关小狭缝,打开光闸门,缓缓转动波长盘,寻找汞灯 546.07nm 峰出现的位置,若与波长读数不符,应调节仪器左侧准直镜的波长调整螺丝,如波长向短波长方向移动,应顺时针方向旋转波长调整螺丝,如向长波长方向移动,则应反时针方向旋转波长调整螺丝,调整好后,再按汞灯的下列谱线测试,记录每条谱线与仪器波长读数的误差。

用于检定紫外－可见分光光度计的汞灯谱线波长为(nm):237.83、253.65、275.28、296.73、302.15、313.16、334.15、365.02、365.48、366.33、404.66(紫色)、435.83(蓝色)、546.07(绿色)、576.96(黄色)及 579.07。

②用仪器固有的氘灯检定:本法主要用于日常工作中波长准确度的核对。取单光束能量测定方式,测量条件同上述低压汞灯的方法,对 486.02 及 656.10nm 二单峰进行单方向重复扫描 3 次。

③用氧化钬玻璃检定:将氧化钬玻璃放入样品光路,参比光路为空气,按测定吸收光谱图方法测定,校正自动记录仪器时,应考虑记录仪的时间常数,测定样品与校正时取同一扫描速度。

氧化钬玻璃在 279.4、287.5、333.7、360.9、418.7、460.0、484.5、536.2 及 637.5nm 波长处有尖锐的吸收峰,可供波长检定用,氧化钬玻璃因制造的原因,每片氧化钬的吸收峰波长有差异,应使用经计量部门校验过的。

④用高氯酸钬玻璃溶液检定:本法可供没有单光束测定功能的双光束紫外分光光度计波长准确度检定用。

高氯酸钬溶液的配制方法:以 10% 高氯酸钬为溶剂,加入氧化钬(Ho_2O_3)配成 4% 溶液即得。

高氯酸钬溶液较强的吸收峰波长为 241.13、278.10、287.18、333.44、345.47、361.31、416.28、451.30、485.29、536.64、640.52nm。

如果是双光束扫描仪器,但不是数据贮存型的(指的是直接将信号描记于记录纸上),记录的波长可能因记录笔滞后而非真实波长,为了准确测定,建议采用定点检定而不用扫描方式。

3. 吸光度准确度

精密称取在 120℃ 干燥至恒重的基准重铬酸钾约 60mg,置 1000mL 量瓶中,以硫酸液(0.005mol/L)为空白,在 235、257、313、350nm 处分别测定吸光度,然后换算成 $E_{1cm}^{1\%}$,测得值应符合规定允差范围(±1%)。

4. 杂散光

玻璃接口的蒸馏器重蒸的蒸馏水和试剂规格的氯化钾 1.2g 配成 100mL 水溶液。以蒸馏水作为空白,用 1cm 吸收池在 200nm 波长处测定,透过率应小于 1.0%。

四、思考题

可见－紫外分光光度计的哪些性能会影响测定结果的准确性?试说明之。

附：751 型紫外分光光度计使用方法

（1）仪器图：见图 2 – 2。

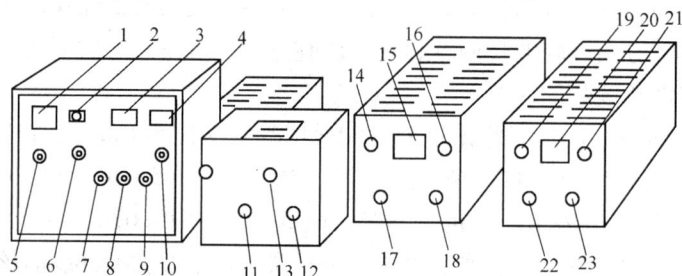

图 2 – 2　751 型紫外分光光度计外形图

1. 波长读数窗；2. 透光率读数电位器刻度盘；3. 暗电流表；4. 狭缝；5. 波长选择钮；6. 透光率旋钮；

7. 选择开关；8. 灵敏度调节旋钮；9. 暗电流旋钮；10. 狭缝调节钮；11. 试样槽手柄；12. 光电管手柄；

13. 暗电流闸门；14. 钨灯；15. 氢灯电流表；16. 放大器；17. 钨灯开关；18. 放大器开关；19. 预热指示灯；

20. 钨灯电压表；21. 工作指示灯；22. 电源开关；23. 电流调节

（2）使用方法：操作前所有开关均应放在"关"上，从吸收池取出干燥剂。

使用时首先开电子管稳压器（调电压于 220V），再开放大器电流，随后开氢灯（约 2 分钟左右绿灯亮，氢灯开始放电）或钨灯（220 ~ 320nm 用氢灯，320 ~ 1000nm 用钨灯）。将选择开关置校正位置，预热 2 分钟，将波长刻度旋在所需要的波长上。选定适用波长的光电管。

手柄推入为蓝敏光电管（200 ~ 625nm），手柄拉出为红敏光电管（625 ~ 1000nm）。

根据需要可以将相应的滤光片推入光路，以减少杂散光，通常情况可以不用。

然后根据波长选配吸收池，其中一个盛待测溶液，另一个盛空白溶液，盖好盖子。置灵敏度旋钮于五圈左右（在正常情况下，灵敏度调节位置是以左面停止位置向顺时针方向转动）。

调节"暗电流"使电表指针准确指零（为了能得到准确数值，每测一次均应分别调节一次暗电流）。

移动吸收池架拉手，将空白溶液置于光路中，再将读数电位计转至透光率 100%，把选择开关置"×1"位置，拉开光闸（暗电流闸门，使单色光进入光电管）。调节狭缝钮使电表指针大约指零，然后再用灵敏度钮仔细调节准确使指针正好指向零位。拉动吸收池架拉手，将样品溶液置于光路中，此时电表指针偏离"零"位。旋转透光率（消光）读数电位器刻度盘，重新使电表准确指零。关闭暗电流光闸，以保护光电管。置选择开关于"校正"位。读取透光率或消光值。当选择开关放在"×1"时透光率范围从 0% ~ 100%（消光 2 ~ 0）；当透光率小于 10% 时，则选择开关放在"×0.1"，此时所读透光率应除以 10。更换波长测定需从调节暗电流起操作，重新开始。测定完毕后依次将"选择开关"、氢灯或钨灯的"放大器开关"置"关"的位置；置狭缝旋钮于 0.01nm 左右，置波长于 625nm；置透光率于 100%。关闭电源。样品室放入干燥剂。罩上塑料罩，填写使用登记。

附二：752 型紫外分光光度计使用方法

1. 仪器图

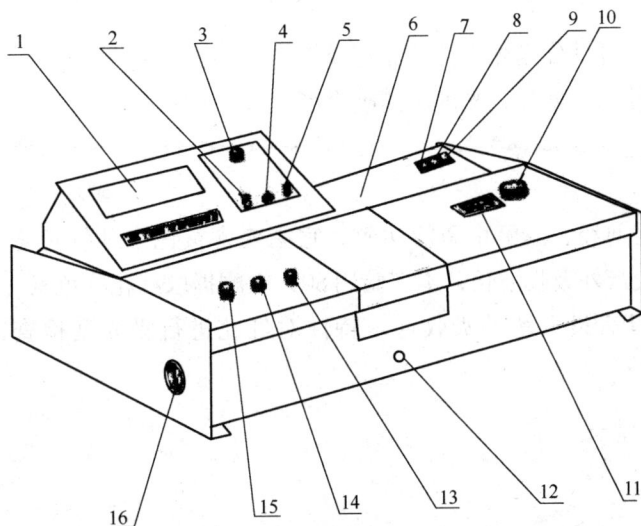

图 2 - 3　752 型紫外分光光度计外形图

1. 数字显示器；2. 吸光度调零旋钮；3. 选择开关；4. 吸光度调斜率电位器；5. 浓度旋钮；6. 光源室；7. 电源开关；8. 氢灯电源开关；9. 氢灯触发按钮；10. 波长手轮；11. 波长刻度窗；12. 试样架拉手；13.100% T 旋钮；14.0% T 旋钮；15. 灵敏度旋钮；16. 干燥器

2. 使用方法

(1)将灵敏度旋钮调置"1"档（放大倍率最小）。

(2)按"电源开关"（开关内两只指示灯亮），钨灯点亮；按"氢灯"开关（开关内左侧指示灯亮），氢灯电源接通。再按"氢灯触发"按钮（开关内侧指示灯亮），氢灯点亮。仪器预热 30 分钟。（注意：仪器后背部有一只"钨灯"开关，如不需用钨灯时将它关闭）

(3)选择开关置于"T"。

(4)打开试样室盖（光门自动关闭），调节"0% T"旋钮，使数字显示"000.0"。

(5)旋转波长手轮至所需波长上。

(6)将盛有溶液的吸收池置于吸收池架中。（注意：测定波长在 360nm 以上时，可用玻璃吸收池，而在 360nm 以下时，须用石英吸收池）

(7)盖上样品室盖，移动样品架拉手，将空白溶液吸收池置于光路，调节透光率

"100%"旋钮,使数字显示为"000.0"T。如果显示不到100.0%T,则可适当增加灵敏度的档数,同时重复(4)操作,调整仪器的"000.0"T。

(8)将被测溶液置于光路中,数字显示器上直接读出被测溶液的透光率(T)值。

(9)吸光度(A)的测量:将选择开关置于"A",参照(4)和(7),调节仪器的"000.0",然后移动被测溶液,显示值即为样品液的吸光度A值。

实验五 红花的吸光度检查

一、目的要求

1. 掌握紫外–可见分光光度计的原理及操作。
2. 掌握用紫外–可见分光光度法测吸光度。

二、实验原理

红花具有活血通经、散瘀止痛的功效,它主要含黄色素和红色素。红花红色素在518nm处具有最大紫外吸收波长,本实验用80%丙酮提取红花红色素,然后利用红花红色素在518nm处具有最大紫外吸收这一特性对红花进行吸光度检查,判断红花是否合格。

三、仪器与试剂

1. 仪器

天平、台称、紫外–可见分光光度仪、硅胶干燥器、锥形瓶、冷凝装置、3号垂熔玻璃漏斗、量瓶(100mL)、水浴锅。

2. 试剂与试样

红花、丙酮(AR)。

四、实验内容与步骤

取红花适量,置硅胶干燥器中干燥24小时,研成细粉,取约0.25g,精密称定,置锥形瓶中,加80%丙酮溶液50mL,连接冷凝器,置50℃水浴上温浸90分钟,放冷,用3号垂熔玻璃漏斗滤过,收集滤液于100mL量瓶中,用80%丙酮溶液25mL分次洗涤,洗液并入量瓶中,加80%丙酮溶液至刻度,摇匀,用紫外–可见分光光度仪在518nm处测定吸光度,其值不得低于0.20。

五、注意事项

1. 紫外–可见分光光度仪在使用前应进行校正。
2. 80%丙酮能很好地提取出红花中的红色素,实验中要用80%丙酮充分提取。

六、思考题

1. 紫外－可见分光光度仪在使用时还应注意哪些问题?
2. 红色素还有没有其他提取方法?

实验六 维生素 B_{12} 注射液的定性鉴别及定量分析

一、目的要求

1. 掌握定性鉴别的方法和吸光系数法的定量方法。
2. 熟悉紫外分光光度计的操作方法。
3. 了解含量测定、标示量的百分含量及稀释度等计算方法。

二、实验原理

维生素 B_{12} 是一类含钴的卟啉类化合物,具有很强的生理作用,可用于治疗恶性贫血等疾病。维生素 B_{12} 不是单一的一种化合物,共有七种。通常所说的维生素 B_{12} 是指其中的氰钴素,为深红色吸湿性结晶,制成注射液其标示含量有每毫升含维生素 B_{12} 50、100 或 500μg 等规格。

维生素 B_{12} 的水溶液在 278nm ± 1nm、361nm ± 1nm 与 550nm ± 1nm 三波长处有最大吸收。《中国药典》规定,在 361nm 波长处的吸光度与 278nm 波长处的吸光度的比值应为 1.70 ~ 1.88,在 361nm 波长处的吸光度与 550nm 波长处的吸光度比值应在 3.15 ~ 3.45 范围内,为定性鉴别的依据;以 361nm ± 1nm 处吸收峰的百分吸光系数 $E_{1cm}^{1\%}$ 值 (207) 为测定注射液实际含量的依据。

三、仪器与试剂

1. 仪器
紫外－可见分光光度计;石英吸收池;吸量管(5mL);量瓶(10mL)。
2. 试样
维生素 B_{12} 注射液。

四、实验内容与步骤

1. 试样溶液制备
精密吸取维生素 B_{12} 注射液样品(100μg/mL)3.0mL,置于 10mL 量瓶中,加蒸馏水至刻度,摇匀,得试样溶液。
2. 测定
将试样稀释液装入 1cm 石英吸收池中,以蒸馏水为空白,在 278nm、361nm、550nm 波长处分别测定吸光度。

五、注意事项

1. 在使用紫外 - 可见分光光度计前，应熟悉本仪器的结构、功能和操作注意事项。
2. 吸收池的光学面，必须清洁干净，不准用手触摸，只可用擦镜纸擦拭。

六、数据处理

1. 定性鉴别

根据测得的 278nm、361nm 与 550nm 波长处的吸光度数据，计算该两两波长处的吸光度比值，并与《中国药典》规定的幅度值比较，进行维生素 B_{12} 的鉴别。

2. 吸光系数法

将 361nm 波长处测得的吸光度 A 值与48.21相乘，即得试样稀释液中每毫升含维生素 B_{12} 的微克数。

按照百分吸光系数的定义，每100mL 含1g 维生素 B_{12} 的溶液（1%）在 361nm 处的吸光度应为207，计算即得。

$$E_{1cm}^{1\%}(361nm) = 207[100mL/(g \cdot cm)] = 2.07 \times 10^{-2}[mL/(\mu g \cdot cm)]$$

$$C_{样} = A_{样}/b \cdot E_{1cm}^{1\%} = A_{样} \times 48.31 \ (\mu g/mL)$$

$$维生素 B_{12} 标示量(\%) = \frac{C_{样}(\mu g/mL) \times 试样稀释倍数}{标示量(100\mu g/mL)} \times 100\%$$

七、思考题

试比较用标准曲线法及吸收系数法定量的优缺点。

实验七   双波长分光光度法测定
安钠咖注射液中咖啡因的含量

一、目的要求

1. 掌握双波长分光光度法测定二元混合物中待测组分含量的原理和方法。
2. 掌握选择测定波长（λ_1）和参比波长（λ_2）的方法。
3. 掌握在单波长分光光度计上进行双波长法测定的方法。

二、实验原理

安钠咖注射液由无水咖啡因和苯甲酸钠组成，其紫外吸收光谱如下：

吸收光谱表明，咖啡因的吸收峰在 272nm 处，苯甲酸钠的吸收峰在 230nm 处。若测定咖啡因，从光谱上可知干扰组分苯甲酸钠在 272nm 和 253nm 处的吸光度相等，则

$$\Delta A = A_{272nm}^{咖+苯} - A_{253nm}^{咖+苯}$$

$$= A_{272nm}^{苯} + A_{272nm}^{咖} - A_{253nm}^{咖} - A_{253nm}^{苯}$$

$$= A_{272nm}^{咖} - A_{253nm}^{咖} (\because A_{272nm}^{苯} = A_{253nm}^{苯})$$

$$= E_{272nm}^{咖} C_{咖} \, l - E_{253nm}^{咖} C_{咖} \, l$$

$$= (E_{272nm}^{咖} - E_{253nm}^{咖}) C_{咖} \, l$$

$$= \Delta E_{咖} C_{咖} \, l$$

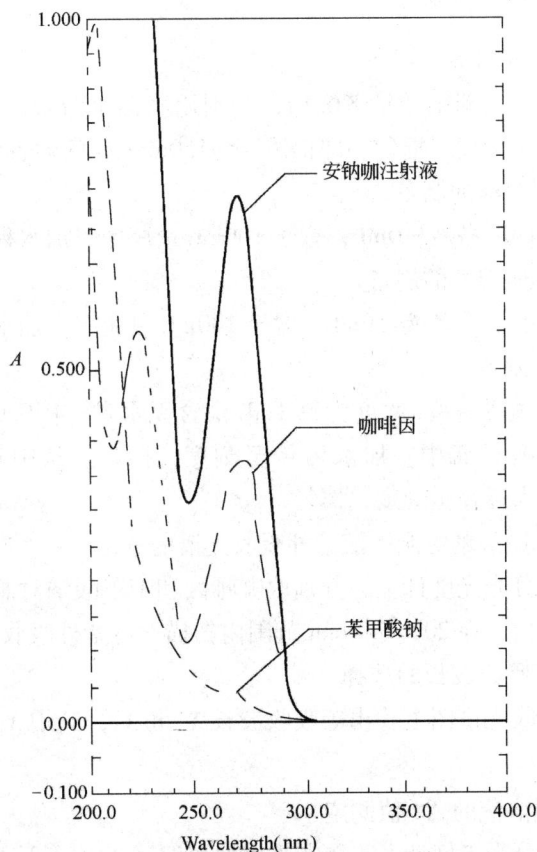

图2－4 安钠咖注射液的紫外吸收光谱

式中：ΔA 为混合物在272nm和253nm波长处的吸光度之差。272nm和253nm为干扰组分苯甲酸钠的等吸收波长。

$E_{272nm}^{咖}$、$E_{253nm}^{咖}$为被测组分在272nm和253nm波长处的吸光系数(用标准品测得)。

$C_{咖}$为被测组分的浓度。

l为吸收池厚度。

ΔA 仅与咖啡因浓度成正比，而与苯甲酸钠浓度无关，从而测得咖啡因的浓度。

三、仪器与试剂

1. 仪器

紫外-可见分光光度计；石英吸收池；量瓶(100mL)；吸量管(10mL，1mL)。

2. 试剂

咖啡因、苯甲酸钠对照品。

3. 试样

安钠咖注射液(每1mL中含无水咖啡因0.12g、苯甲酸钠0.12g)。

四、实验内容与步骤

1. 标准贮备液的制备

精密称取咖啡因和苯甲酸钠各0.1g，分别用蒸馏水溶解，定量转移至100mL量瓶中，用蒸馏水稀释至刻度，摇匀，即得浓度为1.0mg/mL的贮备液，置于冰箱中保存。

2. 咖啡因对照溶液的制备

精密量取咖啡因贮备液1.0mL，置于100mL量瓶中，加水稀释至刻度，摇匀即得。

3. 苯甲酸钠对照溶液的制备

精密量取苯甲酸钠贮备液1.0mL，置于100mL量瓶中，加水稀释至刻度。

4. 试样溶液的制备

精密量取安钠咖注射液(浓度为每1mL中含无水咖啡因0.012g，苯甲酸钠0.013g)1.0mL，置于100mL量瓶中，加水稀释至刻度，摇匀。从中精密量取10.0mL，置于100mL量瓶中，加水稀释至刻度，摇匀。

5. 咖啡因和苯甲酸钠对照溶液紫外吸收光谱的测定

在紫外-可见分光光度计上，分别取咖啡因和苯甲酸钠对照溶液于1cm石英吸收池中，以蒸馏水为空白，在200~400nm范围内扫描，得紫外吸收光谱。

6. 干扰组分等吸收波长的选择

从苯甲酸钠吸收光谱图上找出等吸收波长 λ_1 和 λ_2，其中 λ_1 尽量与咖啡因的最大吸收波长一致。

7. 咖啡因对照溶液的 ΔA 值测定

在紫外-可见分光光度计上，取咖啡因对照溶液于1cm石英吸收池中，以蒸馏水为空白，在 λ_1 和 λ_2 处分别测其吸光度。

8. 安钠咖样品液的 ΔA 值测定

在紫外-可见分光光度计上，取安钠咖样品液于1cm石英吸收池中，以蒸馏水为空白，在 λ_1 和 λ_2 处分别测其吸光度。

五、注意事项

1. 在使用紫外-可见分光光度计前，应熟悉本仪器的结构、功能和操作注意事项。
2. 在仪器扫描过程中，不要按动任何键，不要任意打开样品室盖子。

六、数据处理

$$\Delta A = \Delta ECl$$

$$\frac{\Delta A_{样}}{\Delta A_{标}} = \frac{\Delta EC_{样} l}{\Delta EC_{标} l} = \frac{\Delta C_{样}}{\Delta C_{标}}$$

$$咖啡因标示量\% = \frac{C_{样} \times 稀释倍数}{标示量} \times 100\%$$

咖啡因标示量%应在 95% ~ 105% 之间。

七、思考题

1. 为什么双波长分光光度法可以不经分离直接测定二元混合物中待测组分的含量?
2. 选择等吸收波长的原则是什么? 怎样从吸收光谱图上选择等吸收波长?

实验八 银黄口服液中黄芩苷和绿原酸的含量测定

一、目的要求

1. 掌握紫外－可见分光光度计的定量操作方法。
2. 掌握银黄口服液中黄芩苷和绿原酸含量测定的基本原理和定量计算方法。

二、实验原理

本品为金银花提取物与黄芩提取物制成的口服液,规格为每支 10mL。按《中国药典》规定,该口服液每支含金银花提取物以绿原酸计不得少于0.108g,含黄芩提取物以黄芩苷计不得少于 0.216g。

三、仪器及试剂

1. 仪器
紫外－可见分光光度计,量瓶(100mL),移液管(2mL,1mL),吸耳球。
2. 试剂
0.2mol/L HCl 溶液,HCl(分析纯)。
3. 试样
银黄口服液。

四、实验内容与步骤

精密量取试样 1mL 置 50mL 量瓶中, 加 0.2mol/L HCl 溶液稀释至刻度,摇匀。精密量取稀释液 1mL,置于 50mL 量瓶中,加上述 HCl 溶液稀释至刻度,用 1.0cm 的石英吸收池, 在 278nm ±2nm 与 318nm ±2nm 波长处分别测定吸光度。

五、注意事项

1. 取样要准确。
2. 操作仪器时应严格按照操作规程进行。

六、数据处理

根据测得的数据计算口服液中绿原酸和黄芩苷的含量。

绿原酸 　　$E^{绿}_{318nm} = 515.2$, 　　　　　$E^{绿}_{278nm} = 222.7$

黄芩苷 　　$E^{黄}_{318nm} = 369.5$, 　　　　　$E^{黄}_{278nm} = 631.2$

按下式计算供试液中绿原酸和黄芩苷的浓度（mg/100mL）

$$C_{绿} = 2.5999A_{324nm} - 1.522A_{276nm}$$

$$C_{黄} = 2.121A_{276nm} - 0.9169A_{324nm}$$

七、思考题

1. 银黄口服液的质量控制都可以采用哪些方法？各有何特点？
2. 欲将吸光系数作定量依据，需要哪些实验条件？

第三章
红外分光光度法

实验九　固体试样红外光谱的测定（KBr 法）

一、目的要求

1. 掌握 KBr 压片制样方法。
2. 了解红外分光光度计的一般操作方法。
3. 对测定的未知物红外光谱图进行解析。

二、实验原理

红外吸收光谱是由分子的振动 – 转动跃迁引起的。不同的化合物具有不同的官能团，因而具有不同的红外光谱特征。所以可以用物质的红外光谱进行定性鉴别和结构鉴定。

三、仪器与试剂

1. 仪器
红外分光光度计，油压压片机及模具，玛瑙乳钵，红外灯。

2. 试剂与试样
苯甲酸，乙酰水杨酸，肉桂酸或其他样品，KBr（光谱纯或 GR）。

四、实验内容与步骤

称取试样 1～2mg，另称 200 目的 KBr 粉末 200mg，于红外灯下在玛瑙乳钵中研磨均匀，装入压片模具，用油压机以 8 吨的压力压 5～10 分钟，然后取下压片（厚度约 1mm）装入样品架，置于样品窗口；同时，压一片空白 KBr 片作为补偿，置于参比光路上，开机进行红外扫描测定。测定完后对未知物谱图进行解析，并推断其可能的结构。压片模具用后应立即用擦镜纸揩擦干净，以免吸湿腐蚀磨具。

五、思考题

1. 为什么在作红外光谱测定分析时样品不能含有水分？
2. 在研磨操作过程中为什么需要在红外灯下进行？

实验十　液体试样红外光谱的测定

一、目的要求

1. 了解液体样品红外光谱的测绘方法。
2. 对测定的未知物红外光谱进行解析。

二、实验原理

液体试样的红外光谱测定法常用吸收池法。将样品用一定的溶剂稀释后，置0.2mm的吸收池中进行红外光谱测定，以便对化合物进行定性鉴别和结构分析。

三、仪器与试剂

1. 仪器

傅里叶变换红外光谱仪，吸收池(0.2mm)，洗耳球，容量瓶(25mL、2mL)，吸量管(2mL)。

2. 试剂与试样

环己酮(AR)，环己烷(AR)。

四、实验内容与步骤

取150mg的环己酮，用环己烷稀释至25mL并混合均匀，作为试样溶液。取适量置0.2mm的液体吸收池中，于红外光谱仪上进行光谱扫描，并进行谱图解析。

五、思考题

1. 液体试样与固体样品测定方法有何不同?
2. 液体试样的红外谱图在解析时应注意什么?

第四章　荧 光 分 析 法

实验十一　硫酸奎宁的激发光谱与发射光谱的测定

一、目的要求

1. 掌握激发光谱和发射光谱的测定方法。
2. 了解荧光分光光度计的使用。

二、实验原理

奎宁具有喹啉环结构，能产生很强的荧光。故可在双光栅单色器的荧光分光光度计上描绘其激发光谱与发射光谱。将激发光源用单色器将其分光后，测定每一激发波长（λ_{ex}）发射的荧光强度 F，以 F-λ_{ex} 作图，得到荧光物质的激发光谱，并可找出其最大激发波长（$\lambda_{ex(max)}$）。若将激发光的波长及强度保持不变，使物质所发射的荧光通过单色器，测定每一发射波长（λ_{em}）所发射的荧光强度 F，然后以 F-λ_{em} 作图，可得到该物质的发射光谱及最大发射波长（$\lambda_{em(max)}$）。

三、仪器与试剂

1. 仪器
荧光分光光度计，容量瓶（25mL），移液管（1mL）。
2. 试剂与试样
硫酸奎宁贮备液（0.1g/100mL），0.05mol/L H_2SO_4 液。

四、实验内容与步骤

1. 标准溶液的配制
精密吸取硫酸奎宁贮备液 0.1mL 置 25mL 容量瓶中，用 H_2SO_4 溶液（0.05mol/L）稀释至刻度，摇匀。
2. 激发光谱的绘制
将硫酸奎宁标准液放入样品池中，固定发射波长于 450nm 处，选择宽狭缝，将自动扫描开关置激发光扫描档，拉开光门，描绘 400～250nm 范围内的激发光谱，并找出最大激发波长（$\lambda_{ex(max)}$）。

3. 荧光光谱的绘制

固定激发波长于最大激发波长处，选择宽狭缝，将荧光波长置于500nm左右，选择窄狭缝，将自动扫描开关置发射光扫描档，拉开光门，描绘500~250nm范围内的荧光光谱，找出最大发射波长($\lambda_{em(max)}$)。

五、思考题

1. 简述狭缝的选择对本实验的影响。
2. 荧光分析中按单色器分有三类仪器，完成以上实验应选择哪一类仪器？

实验十二　荧光法测定维生素 B_1 的含量

一、目的要求

1. 掌握硫色素法测定维生素 B_1 含量的方法(比例法)。
2. 熟悉荧光分光光度计的使用方法。

二、实验原理

1. 维生素 B_1 是氨基嘧啶环和噻唑环通过亚甲基连接而成的季铵化合物，噻唑环在碱性介质中可被铁氰化钾氧化，再与嘧啶环上氨基缩合生成具有荧光(刚性和共平面性的共轭结构)的硫色素。硫色素用正丁醇(或异丁醇、异戊醇)提取。在紫外光($\lambda_{ex} = 365nm$)照射下显蓝色荧光($\lambda_{em(max)} = 435nm$)。

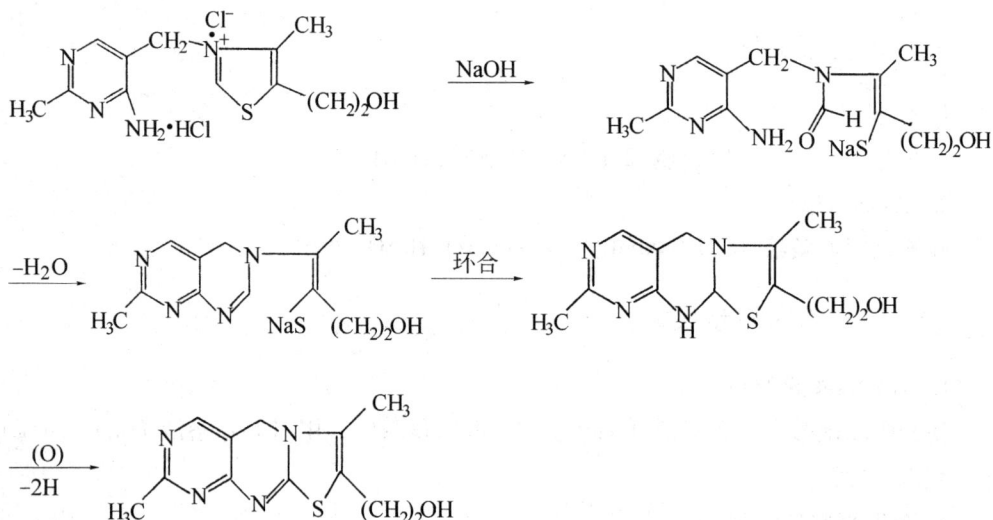

2. 本法采用了做标准品空白和样品空白测定空白荧光值 F_{s0} 和 F_{x0}，用以消除标准溶液和样品溶液在制样过程中产生的硫色素和样品中可能存在的硫色素及水、试剂中的

荧光杂质的干扰。

三、仪器与试剂

1. 仪器

960CRT 荧光分光光度计，容量瓶(1000mL，250mL，100mL)，刻度吸管(10mL，5mL，2mL)，分液漏斗(60mL)。

2. 试剂

盐酸硫胺(维生素 B₁)标准液：精密称取盐酸硫胺对照品 25mg，用稀乙醇(1→5，用3mol/L HCl 调节 pH 为4.0)溶解并稀释成 1000mL，作为贮备液(25μg/mL)。

1%铁氰化钾($K_3[Fe(CN)_6]$)溶液；0.2mol/L HCl 溶液；3.5mol/L NaOH 溶液。

3. 试样

维生素B₁片，每片标示量为 10mg(《中国药典》规定为标示量的90%~110%)。

四、实验内容与步骤

1. 试样溶液配制

取维生素 B₁ 10 片，精密称定，求出平均片重，充分研细，精密称取粉末约 40mg，用0.2mol/L HCl 液稀释定容，摇匀，即得(约 0.2μg/mL)。

2. 标准溶液配制

精密吸取标准贮备液 2mL 于 250mL 容量瓶中，用 0.2mol/L HCl 液稀释至刻度，摇匀，即得(0.2μg/mL)。

3. 氧化剂配制

精密吸取 1% $K_3[Fe(CN)_6]$ 液4mL 于 100mL 容量瓶中，用 3.5mol/L NaOH 液稀释至刻度，摇匀。

4. 测定

取 3 个 60mL 分液漏斗，各加标准溶液 5.00mL，于第一、二两个漏斗中再迅速(1~2秒内)加氧化剂各3.00mL，在 30 秒内又各加异丁醇20.0mL，密塞，剧烈振摇90秒钟，静置分层，第三个漏斗中加 3.5mol/L NaOH 液 2.00mL 以代替氧化剂，并照上法同样操作得标准空白液。另取 3 个 60mL 分液漏斗，各加供试液5.00mL，照上述标准方法同样操作得两份供试液和一份样品空白液。将上述 6 个分液漏斗中下层溶液放出，向上层异丁醇液中各加2.00mL 无水乙醇，振摇数秒，待溶液澄清后，分别取少量异丁醇液放入吸收池中测定其荧光强度。

5. 计算

先求出 5mL 试液中盐酸硫胺的微克数，再根据样品称量 W(mg)，计算片剂中维生素 B₁ 标示量的百分含量。

$$维生素 B_1 \text{标示量}\% = \frac{F_x - F_{x0}}{F_S - F_{S0}} \times \frac{250 \times 250 \times 10^{-3}}{5.00 \times 2.00} \times \frac{\text{平均片重(mg)}}{W(\text{mg}) \times \text{标示量}} \times 100\%$$

五、注意事项

1. 盐酸硫胺（维生素 B_1）标准液、试样液和氧化剂溶液均应避光、冷藏保存，最好临用时配制。

2. 6 份测定试样中所加各种试剂要注意平行操作，加 3.5mol/L NaOH 液和氧化剂的刻度吸管不可混用，否则将影响测定的精密度。

六、思考题

1. 能否用软木塞或橡胶塞代替玻璃塞？

2. NaOH 液用量不足时，对荧光有何影响？

3. 在异丁醇萃取液中加入 2mL 无水乙醇的作用是什么？

4. 试分步推导求维生素 B_1 标示量% 的公式。

第五章
原子光谱法

实验十三　原子吸收法试样的处理

一、目的要求

1. 掌握无机固体样品的溶解方法。
2. 掌握有机固体样品的干法和湿法消化方法。

二、实验原理

在进行原子吸收分析前，必须对测试样品进行预处理。对浓度大的液体样品，必须用适当的溶剂进行稀释。无机固体试样一般用水或无机酸直接溶解。有机固体试样采用干法（灰化）和湿法消化，然后再将灰化或消化后的残渣溶解在合适的溶剂中。一般多采用湿法消化，即用具有强氧化性的 H_2SO_4、HNO_3、$HClO_4$ 及其混合酸进行消化溶解。固体试样要尽可能完全地将所有被测元素转入溶液中。

三、仪器与试剂

1. 仪器
烘箱、瓷乳钵、广口玻璃瓶（100mL）、干燥瓶、高型烧杯（100mL）、表面皿、电热板、刻度试管。

2. 试剂
去离子双蒸馏水、HNO_3（GR）、$HClO_4$（GR）。

3. 试样
掌叶大黄（饮片）或其他试样。

四、实验内容与步骤

（一）干消化法
（1）将大黄饮片试样先用清水再用去离子水淋洗。晾至近干，置烘箱中于100℃～110℃烘3小时，在瓷乳钵中研磨成细粉，装入洗净玻璃瓶中备用。
（2）称取试样约0.5g，精密称定，置瓷坩埚中，加盖留缝，置于马福炉中，从室温开始缓慢加热，使炭化、灰化，当不再冒烟时，加快升温至800℃～1000℃（视元素不同而定）。1小时停止加热，稍冷却后取出置室温下冷却（观察均呈白色或灰白色粉末——各元素的氧化物），之后加入 1% ~ 2% HCl 1 ~ 2mL 溶解，过滤于 25mL（或 10mL）容量瓶中，用1% ~ 2%稀盐酸稀释至刻度，摇匀，备用。

（二）湿消化法

精密称取 0.5g 试样置于 25mL 消化管或 100mL 烧杯中，分别加入 0.5mL 浓硫酸，4mL 浓硝酸及 1mL 高氯酸，置于可调电热消化炉上，在通风柜中进行低温消化（升温至 70℃ 左右），待大量黄烟散完后，继续升温至 120℃ 左右，使呈微沸，直至有机物完全消化，高氯酸的烟冒尽为止。用 1% 稀 HNO_3（或 1% HCl）溶解并过滤到一定体积的容量瓶中，用稀酸稀释至刻度，摇匀备用。

五、注意事项

1. 注意观察无机固体样品是否溶解完全。
2. 采用 H_2SO_4、HNO_3、$HClO_4$ 及其混合酸处理样品时，注意样品要消化完全，并将酸烟冒尽，即无烟雾产生为止。

六、思考题

1. 比较干、湿消化法的区别。
2. 最后制备成待测试样溶液为什么用 1% ~ 2% 的 HNO_3 或 HCl 作溶剂？

实验十四　原子吸收法测定感冒颗粒剂中的铜

一、目的要求

1. 掌握火焰法测量条件的选择方法。
2. 了解原子吸收仪器的操作使用方法。

二、实验原理

二价铜离子在乙炔火焰中被原子化，铜离子对特定波长光的吸收度与溶液中铜离子的浓度成正比。据测量的吸光度值，便可求出试样中铜离子的含量。

三、仪器与试剂

1. 仪器
原子吸收分光光度计（铜元素空心阴极灯，波长 324.8nm，灯电流 3mA，火焰为乙炔 - 空气）。

2. 试剂
铜标准贮备液〔将光谱纯试剂铜（或 CuO）溶于一定浓度优级纯 HNO_3 中，浓度为 2mg/mL〕；铜标准液（分取一定量贮备液用超纯水稀释至 20μg/mL）。HNO_3 浓度 1% ~ 2%。

四、实验内容与步骤

1. 标准曲线的绘制

分别精密量取铜标准液 0.10mL、0.20mL、0.40mL、0.60mL、0.80mL 置于 10mL 容量瓶中，用 1% HNO_3 稀释至刻度，同时作试剂空白，测定各标准液的 A 值，绘制 $A-C$ 标准曲线。

2. 含量测定

用试样溶液(0.5~2mL)按上述仪器工作条件分别测定其 A 值，同时作试剂空白，由标准曲线上查得其浓度并计算百分含量。

五、注意事项

1. 注意乙炔流量和压力的稳定性。

2. 注意在操作方式上，一定要先通空气，后给乙炔气体；关闭仪器时要先断掉乙炔气体，最后关闭空气，避免回火。

六、数据处理

从标准曲线上，查出待测试样的浓度 C 值。单位：微克。

$$Cu\% = \frac{C \cdot V}{m} \times 100\%$$

V：待测试样溶液体积(mL)；

m：称取的试样重量(mg)。

也可用线性方程法计算出样品中铜离子的含量。

七、思考题

1. 本实验的主要干扰因素及其消除措施有哪些？
2. 标准溶液及样品溶液的酸度对吸光度有什么影响？

第六章
经典液相色谱法

实验十五　柱色谱法分离菠菜中的植物色素

一、目的要求

(1) 掌握柱色谱法分离混合物的操作技术。
(2) 了解从植物中分离天然化合物的方法。

二、实验原理

植物的叶子中通常含有多种色素，总的可以归为叶绿素类和胡萝卜素类。菠菜叶子中主要含有叶绿素（包括叶绿素 a、叶绿素 b）和 β – 胡萝卜素（其结构式如下）等，这些色素能被石油醚和丙酮的混合液提取出来。β – 胡萝卜素的极性较叶绿素的极性小，根据此性质，将提取的色素混合物加到硅胶柱上，用石油醚能将 β – 胡萝卜素洗脱出来，但叶绿素不能被洗脱，加入石油醚 – 丙酮(7∶3)的混合液再将叶绿素洗脱下来，从而使两者分离。

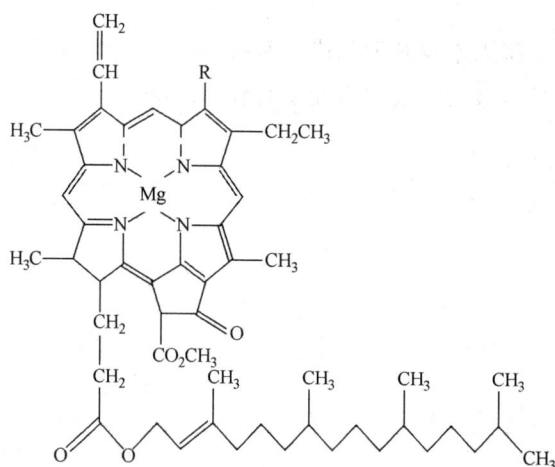

叶绿素 a(R = CH₃)

叶绿素 b(R = CHO)

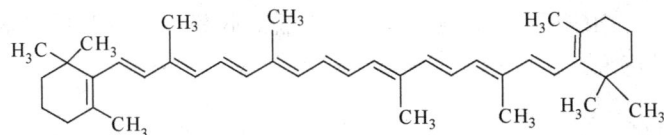

β-胡萝卜素

三、仪器与试剂

1. 仪器

铁架台，铁夹，具活塞的玻璃色谱柱（20cm×1.4cm），长滴管，50mL 量筒，200mL 烧杯，100mL 锥形瓶，研钵，玻璃棒。

2. 试剂与试样

柱层析硅胶（200～300 目），海沙，石油醚（60℃～90℃），丙酮，$CaCO_3$，无水 Na_2SO_4，新鲜菠菜叶。

四、实验内容与步骤

1. 样品的制备

取 10～15g 的新鲜菠菜叶，撕成小碎片，置一研钵中，加入约 50mL 萃取液（石油醚 – 丙酮 80∶20）以及 2～3g $CaCO_3$。研磨至溶液呈深绿色，倾出萃取液至一锥形瓶中，并加入约 5g 的无水硫酸钠使之脱水。15 分钟后小心地将萃取液倒入一个干燥的锥形瓶中备用。

2. 装柱

将色谱柱（20cm×1.4cm）固定在铁架台上，用玻璃棒将少许棉花置色谱柱的底端，关闭色谱柱下端的活塞，以湿法装柱。称取约 10g 硅胶置烧杯中，加入约 20mL 石油醚，搅拌除去气泡，徐徐倾入色谱柱中，边加边用玻璃棒轻轻地敲打色谱柱，用石油醚将黏附在色谱柱内壁上的硅胶冲洗干净。继续在色谱柱上端加约 1cm 高的海沙。打开色谱柱下端的活塞，让石油醚慢慢流出直至液面和海沙表面相持平时关闭活塞。

3. 上样

用一长滴管，吸取 2mL 的样品直接加到海沙上。打开色谱柱下端的活塞，让液面自由下降到与硅胶面相平，关闭活塞。加入少量石油醚洗涤吸附在海沙上的色素，再次打开活塞，让液面下降到与硅胶面相平后关上活塞。反复几次直至残留在海沙层的色素全部被洗至硅胶层中。

4. 洗脱

上样后，继续添加石油醚至色谱柱的上端。打开活塞让洗脱剂滴下。橘黄色的 β – 胡萝卜素先被洗脱，用锥形瓶将其收集。当 β – 胡萝卜素被完全洗脱下后，先让石油醚的液面下降到与硅胶面

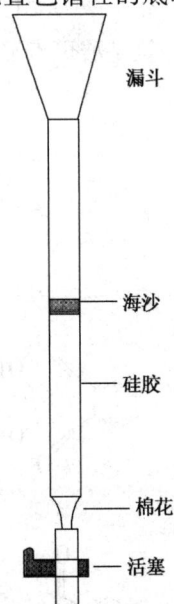

漏斗

海沙

硅胶

棉花

活塞

图 6 – 1　色谱柱

相平，再以石油醚－丙酮(7∶3)的混合液进行洗脱。收集绿色色带的洗脱液在另外一个锥形瓶中，得到叶绿素。

五、注意事项

1. 装柱质量对分离效果有影响，硅胶和海沙的表面必须平整，同时在加样时不能破坏色谱柱上端的平整性。
2. 洗脱过程中洗脱剂的液面不能低于硅胶面，否则会影响分离效果。

六、思考题

1. 在色谱柱的上端添加海沙的目的是什么？
2. 在洗脱过程中，为什么不能使洗脱剂液面低于硅胶平面？

实验十六　纸色谱法分离氨基酸

一、目的要求

1. 掌握纸色谱的操作方法。
2. 熟悉纸色谱法在分离鉴定方面的应用。

二、实验原理

氨基酸为无色化合物，利用它们与水合茚三酮显蓝紫色(脯氨酸显黄色)，可将分离的氨基酸斑点显色，其反应机理如下：

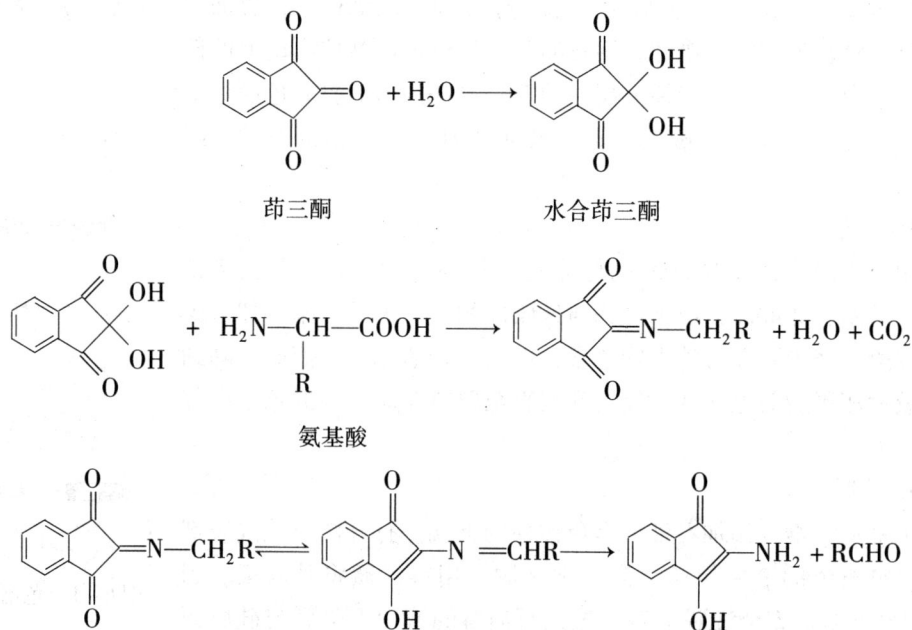

茚三酮　　　　　　　　水合茚三酮

氨基酸

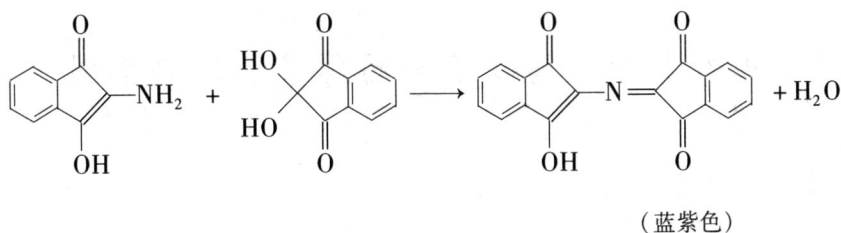

（蓝紫色）

三、仪器与试剂

1. 仪器

玻璃展开筒（150mm×300mm）、色谱用滤纸（纸条）98mm×240mm（可用定性滤纸代替）、毛细管（2μL）、喷雾瓶（50mL）、空气压缩机。

2. 试剂与试液

正丁醇、甲酸、水、氨基酸标准液（将异亮氨酸、赖氨酸和谷氨酸分别配成0.2%的水溶液）、茚三酮试液、0.1%的乙醇溶液。

四、实验内容与步骤

1. 点样

纸条下端2.5cm处，用铅笔画一水平线，在线上画出1、2、3、4号四个点，1、2、3号分别用毛细管将三种氨基酸标准液2μL点出约2mm直径大小的扩散圆点，再在4号点上分别点上三种标准液各2μL。

2. 展开（上行法）

展开缸内加入展开剂适量，放置至展开剂蒸气饱和后，再下降悬钩，使色谱纸浸入展开剂约0.5cm，记录开始展开时间。当展开剂前沿上升至15cm左右时，取出色谱纸，画出溶剂前沿，记录展开停止时间，将滤纸晾干或烘干。

3. 显色

展开剂晾干或烘干后，用喷雾器在色谱纸上均匀喷上0.1%茚三酮溶液，放入100℃烘箱中烘3~5分钟，至出现蓝紫色斑点为止。

五、注意事项

1. 色谱纸要平整，不得沾污，点样时可在下面垫一张白纸。
2. 色谱纸要挂垂直。
3. 不要用钢笔和圆珠笔在色谱纸上作记号。

六、思考题

1. 纸色谱分离氨基酸时，为什么不应使用手直接接触滤纸？
2. 影响 R_f 值的因素有哪些？
3. 色谱展开筒和色谱纸为什么要用展开剂饱和？

实验十七　马钱子粉的薄层色谱法鉴别

一、目的要求

1. 掌握薄层硬板的制备方法。
2. 掌握薄层色谱的一般操作方法。
3. 了解薄层色谱在中药分析中的应用。

二、实验原理

中药马钱子中的主要有效成分为士的宁和马钱子碱，属生物碱类成分，利用薄层色谱可将二者分离，用对照品加以对照，可起到鉴别马钱子的作用。

三、仪器与试剂

1. 仪器

双槽层析缸、玻璃板［10cm × 20cm（厚 3mm）］、毛细管（2μL）、研钵、喷雾瓶（50mL）、电吹风、分析天平（0.1mg）。

2. 试剂与试样

甲苯、丙酮、乙醇、浓氨水（均为 AR）、稀碘化铋钾试液、硅胶 G（薄层层析用）。马钱子粉，士的宁、马钱子碱对照品。

四、实验内容与步骤

1. 硅胶 G 薄层板的制备

称取硅胶 G 1 份和水或 0.5% ~0.8% 的羧甲基纤维素钠溶液 3 份置研钵中，沿同一方向研磨混匀，去除表面的气泡后，倒入涂布器中，在玻璃板上平稳移动涂布器进行涂布（厚度为 0.25 ~0.5mm），涂好的薄层板，于室温下，置水平台上晾干，在反射光及透射光下检视，表面应均匀，平整，无麻点，无气泡，无破损及污染，于 110℃ 烘 30 分钟，冷却后立即使用或置干燥箱中备用，或用商品预制板。

2. 点样

一般用点样器或定量毛细管点样于薄层板上，一般为圆点，点样基线距底边 1.0 ~1.5cm，点样直径一般不大于 2mm，点间距离可视斑点扩散情况以不影响检出为宜。点样时必须注意勿损伤薄层表面。

取马钱子粉末 0.5g，加氯仿 - 乙醇（10∶1）混合液 5mL 与浓氨试液 0.5mL，密塞，振摇 5 分钟，放置 2 小时，滤过，滤液作为试样溶液。另取士的宁和马钱子碱对照品，加氯仿制成每 1mL 含 2mg 的溶液，作为对照品溶液，吸取上述三种溶液各 10μL，分别点于同一硅胶 G 薄层板上。

3. 展开

点好样的薄层板放入展开缸中，以甲苯 – 丙酮 – 乙醇 – 浓氨试液（4∶5∶0.6∶0.4）为展开剂，浸入展开剂的深度以距原点 5mm 为宜，密封，待展开至规定距离，一般为 8～15cm，取出薄层板，晾干。

展开缸如需预先用展开剂预平衡，可在缸中加入适量的展开剂，必要时并在壁上贴两条与缸一样高、宽的滤纸条，一段浸入展开剂中，盖严，使展开缸平衡或按规定操作。

4. 显色

在薄层板上喷稀碘化铋钾试液，供试品色谱中，在与对照品色谱相应的位置上，显相同颜色的斑点。

五、注意事项

1. 点样基线距底边 1.0～1.5cm，点样直径一般不大于 2mm。
2. 如展开效果不好可考虑预平衡，一般预平衡时间为 15～30 分钟。

六、思考题

1. 影响吸附薄层色谱 R_f 值的因素有哪些?
2. 薄层板的主要显色方法有哪些?

实验十八　五味子的薄层色谱法鉴别

一、目的要求

1. 掌握荧光薄层色谱的原理及应用。
2. 了解薄层色谱在中药分析中的应用。

二、实验原理

中药五味子中主要有效成分为木脂素类，五味子甲素为其主要有效成分之一，可吸收 UV 光，在硅胶 GF_{254} 薄板上形成暗斑，用对照药材和对照品进行对照，可起到鉴别五味子的作用。

三、仪器与试剂

1. 仪器

双槽层析缸、玻璃板［10cm×20cm（厚 3mm）］、毛细管（2μL）、研钵、喷雾瓶（50mL）、电吹风、分析天平（0.1mg）、三用紫外线分析仪。

2. 试剂与试样

硅胶 GF_{254}（薄层层析用）、羧甲基纤维素钠、氯仿、石油醚（30℃～60℃）、甲酸乙酯、甲酸(AR)。

五味子药材、五味子对照药材、五味子甲素对照品。

四、实验内容与步骤

1. 薄层板的制备

称取硅胶 GF$_{254}$(薄层层析用)1 份与 3 份 0.5% ~0.8%的羧甲基纤维素钠放入研钵中，研匀，倒入涂布器中进行涂布(厚度为 0.25 ~0.5mm)，涂好的薄层板，于室温下，置水平台上晾干，于 110℃烘 30 分钟，冷却后放入干燥器中备用。

2. 试样及对照品溶液的制备

取中药五味子粉末 1g，加氯仿 20mL，置水浴上加热回流 0.5 小时，滤过，滤液蒸干，残渣加氯仿 1mL 使溶解，作为试样溶液。另取五味子对照药材，同法制成对照药材溶液。再取五味子甲素对照品，加氯仿制成每 1mL 含 1mg 的溶液，作为对照品溶液。

3. 点样

用定量毛细管吸取上述三种溶液各 2μL，分别点于同一硅胶 GF$_{254}$薄层板上，点样基线距底边 1.0 ~1.5cm，点样直径一般不大于 2mm。

4. 展开

以石油醚(30℃ ~60℃) – 甲酸乙酯 – 甲酸(15：5：1)的上层溶液为展开剂。将展开剂放入层析缸内，预平衡 15 ~30 分钟后，将点好样的薄层板放入展开剂中，浸入展开剂的深度以距原点 5mm 为宜，密封，待展开至规定距离(8 ~15cm)，取出，晾干。

5. 检视

将晾干后的薄层板，置紫外光灯(254nm)下检视，供试品色谱中，在与对照药材和对照品色谱相应的位置上，显相同颜色的斑点。

五、注意事项

1. 自制的薄层板应平整、均匀、无麻点、无气泡、无污损。
2. 点样时最好将对照品点与试样点交叉点样。

六、思考题

1. 用硅胶 GF$_{254}$板做薄层鉴别时，适用于哪些化合物?
2. 产生边缘效应的原因是什么?

实验十九 对乙酰氨基酚的杂质限量检查

一、目的要求

1. 掌握用薄层色谱法进行药物的杂质限量检查。
2. 进一步熟悉薄层色谱法的基本操作。

二、实验原理

《中国药典》规定,对乙酰氨基酚原料药要检查对氯苯乙酰胺。将对氯苯乙酰胺配成一定浓度的溶液,与一定浓度的对乙酰氨基酚点于同一薄层板上,展开后,在紫外光灯下观察,试样与对照品(杂质)斑点比较,不得更深、更大,即可控制所含杂质在规定限量以内。

三、仪器与试剂

1. 仪器

双层层析缸(10cm × 20cm)、玻璃板(10cm × 20cm)、定量毛细管(10μL)或平口微量进样器(50μL)、紫外线分析仪(254nm)、具塞试管(10mL)。

2. 试剂与试样

乙醚(AR)、氯仿、丙酮、甲苯、乙醇、对乙酰氨基酚(原料药)、对氯苯乙酰胺对照品、硅胶 GF_{254}(薄层层析用)。

四、实验内容与步骤

1. 试样溶液及对照品溶液的制备

取本品细粉 1.0g,置具塞离心管或试管中,加乙醚 5mL,立即密塞,振摇 30 分钟,离心或放置至澄清,取上清液作为试样溶液。另取每 1mL 中含对氯苯乙酰胺 1.0mg 的乙醇溶液适量,用乙醚稀释成每 1mL 中含 50μg 的溶液作为对照溶液。

2. 点样

按前述实验方法制板或取预制薄层板(硅胶 GF_{254}),用定量毛细管进样器点样。样点距底边 1 ~ 1.5cm,样点直径一般不大于 2mm,点间距离可视斑点扩散情况,以不影响检出为宜(约 1 ~ 1.5cm)。吸取试样溶液 200μL,对照溶液 40μL,进行交叉点样,晾干。

3. 展开及检视

以氯仿 – 丙酮 – 甲苯(13∶5∶2)为展开剂,在双层层析缸中预先饱和 15 ~ 30 分钟,再将上述薄层板进行展开,展距 8 ~ 15cm,取出薄层板,晾干,置紫外光灯(254nm)下检视,试样溶液如显杂质斑点,与对照溶液的主要斑点比较,不得更大、更深。

五、注意事项

1. 本实验点样体积较大,勿使原点扩散太大。
2. 展开时不能使展开剂没过点样原点。

六、思考题

1. 为什么要检查对氯苯乙酰胺的限量?
2. 本实验中的限量是多少?

实验二十　大黄的薄层色谱鉴别

一、目的要求

1. 掌握薄层色谱的操作方法。
2. 了解薄层色谱在中药分析中的应用。

二、实验原理

中药大黄中的主要成分为芦荟大黄素（$C_{15}H_{10}O_5$）、大黄酸（$C_{15}H_8O_6$）、大黄素（$C_{15}H_{10}O_5$）、大黄酚（$C_{10}H_{10}O_4$）和大黄素甲醚（$C_{16}H_{12}O_5$），属于蒽醌类成分，利用薄层色谱可将其分离，用大黄对照药材、大黄酸对照品加以对照，在荧光下检测，可起到鉴别大黄的作用。

三、仪器与试剂

1. 仪器

双槽层析缸，玻璃板［10cm×20cm（厚3mm）］，毛细管2μL，研钵，电吹风，分析天平（0.1mg）。

2. 试剂

甲醇，盐酸，乙醚，三氯甲烷，石油醚，甲酸乙酯，甲酸，浓氨水（均为AR），硅胶H（薄层层析用）。

3. 试药

大黄粉，大黄对照药材，大黄酸对照品。

四、实验内容与步骤

1. 硅胶H薄层板的制备

称取硅胶H 1份和水或0.5%～0.8%的羧甲基纤维素钠溶液3份，在研钵中沿同一方向研磨混匀，去除表面的气泡后，倒入涂布器中，在玻璃板上平稳地移动涂布器进行涂布（厚度为0.25～0.5mm），取下涂好薄层的玻板，于室温下，置水平台上晾干，在反射光及透射光下检视，表面应均匀，平整，无麻点，无气泡，无破损及污染，于110℃烘30分钟，冷却后立即使用或置干燥箱中备用。或用商品预制板。

2. 点样

一般用点样器或定量毛细管点样于薄层板上，一般为圆点，点样基线距底边1.0～1.5cm，点样直径一般不大于2mm，点间距离可视斑点扩散情况以不影响检出为宜。点样时必须注意勿损伤薄层表面。

取本品粉末0.1g，加甲醇20mL，浸泡1小时，滤过，取滤液5mL，蒸干，残渣加水 10mL 使溶解，再加盐酸 1mL，加热回流 30 分钟，立即冷却，用乙醚分 2 次振摇提取，每次 20mL，合并乙醚液，蒸干，残渣加三氯甲烷 1mL 使溶解，作为供试品溶液。另取大黄对照药材 0.1g，同法制成对照药材溶液。再取大黄酸对照品，加甲醇制成每 1mL 含 1mg 的溶液，作为对照品溶液。照薄层色谱法试验，吸取上述三种溶液各 4μL，分别点于同一以羧甲基纤维素钠为黏合剂的硅胶 H 薄层板上。

3. 展开

点好样的薄层板放入展开缸的展开剂中，以石油醚（30℃～60℃）－甲酸乙酯－甲酸(15:5:1)的上层溶液为展开剂，浸入展开剂的深度以距原点 5mm 为宜，密封，待展开至规定距离，一般为 8～15cm，取出薄层板，晾干。

展开缸如需预先用展开剂预平衡，可在缸中加入适量的展开剂，必要时并在壁上贴两条与缸一样高、宽的滤纸条，一段浸入展开剂中，盖严，使展开缸平衡或按规定操作。

4. 显色

置紫外光灯(365nm)下检视。供试品色谱中，在与对照药材色谱相应的位置上，显相同的五个橙黄色荧光主斑点；在与对照品色谱相应的位置上，显相同的橙黄色荧光斑点，置氨蒸气中熏后，斑点变为红色。

五、注意事项

1. 点样基线距底边 1.0～1.5cm，点样直径一般不大于 2mm。
2. 如展开效果不好可考虑预平衡，一般时间为 15～30 分钟。

六、思考题

1. 影响吸附薄层色谱 R_f 值的因素有哪些？
2. 薄层板的主要显色方法有哪些？

实验二十一　薄层扫描法测定女贞子的含量

一、目的要求

1. 练习薄层扫描仪的使用。
2. 学会用外标两点法定量。

二、实验原理

薄层扫描法的定量方法分外标法和内标法等，常用外标两点法定量，即在同一薄层板上点两个浓度的对照品，再点上一定量的供试品，进行扫描测定。

三、仪器与试剂

1. 仪器

薄层扫描仪、PBQ—II 型薄层铺板仪、定量毛细管(2μL，美国 Drummond)、水浴锅、容量瓶(2mL，10mL)。

2. 试剂与试药

乙醇、无水乙醇、环己烷、丙酮、醋酸乙酯、硫酸(AR)、薄层层析用硅胶 G。

齐墩果酸对照品、女贞子药材。

四、试验内容与步骤

1. 薄层板的制备

称取硅胶 G 1 份和 0.5% 的羧甲基纤维素钠溶液 2.5 ~ 3 份，在研钵中沿同一方向研磨混匀，倒入涂布器中，在玻璃板上平稳移动涂布器进行涂布(厚度为0.3mm)，涂好的玻璃板，于室温下，置水平台上，晾干，在反射光及透射光下检视，表面应均匀，平整，无麻点，无气泡，无破损及污染，于 110℃烘 30 分钟，冷却后立即使用或置干燥箱中备用。

2. 对照品溶液及试样溶液的制备

取女贞子粗粉(24 目)约 1g，精密称定，加乙醇 50mL，加热回流 30 分钟，放冷，滤过，药渣加乙醇 50mL，再重复回流 2 次，合并滤液，蒸干，残渣加无水乙醇微热使溶解，转移至 10mL 量瓶中，并加乙醇至刻度，摇匀，作为试样溶液。另精密称取齐墩果酸对照品，加无水乙醇制成每毫升含 0.5mg 的溶液，作为对照品溶液。

3. 测定

吸取试样溶液 2μL，对照品溶液 4μL 与 8μL，分别交叉点于同一薄层板上，以环己烷 – 丙酮 – 醋酸乙酯(5∶2∶1)为展开剂，展开，取出，晾干，喷以 10% 硫酸乙醇溶液，在 100℃加热至斑点显色清晰，取出，在薄层板上覆盖同样大小的玻璃板，周围用胶布固定，于薄层扫描仪上扫描测定，波长 $\lambda_S = 530$nm，$\lambda_R = 700$nm，测量试样与对照品吸光度积分值，并计算含量。

五、注意事项

1. 点样基线距底边 1.0 ~ 1.5cm，点样直径一般不大于 2mm。
2. 薄层板显色后必须用玻璃板覆盖，防止颜色褪去影响测定。

六、思考题

1. 薄层扫描法为何常用外标二点法定量?
2. 本实验的操作要点是什么?

实验二十二　薄层扫描法测定甲基红含量

一、目的要求

1. 了解双波长薄层色谱扫描仪的原理、构造、性能和操作，掌握薄层色谱扫描法定量分析方法。

2. 掌握薄层色谱制板、点样、展开等基本操作。

二、实验原理

本实验根据试样中甲基红、甲基橙和甲基黄有不同的极性，在硅胶板上用混合展开剂展开，可将它们分离。然后采用薄层色谱扫描法，可直接在薄层板上对甲基红斑点进行定量分析。

三、仪器与试剂

1. 仪器

薄层色谱扫描仪，玻璃板（10cm × 20cm），微量注射器 10μL（或定量毛细管，1μL），展开缸。

2. 试剂与试样

硅胶（薄层层析用），CMC – Na，甲基红（AR，0.1%的60%乙醇液），甲基橙（指示剂规格，0.06%的水溶液），甲基黄（指示剂规格，0.06%的95%乙醇液），无水乙醇，正丁醇，环己烷（无水）。

试样溶液（甲基红、甲基橙、甲基黄的混合溶液）。

四、实验内容与步骤

1. 薄层板的制备

同实验二十一。

2. 点样

取一块已制好的硅胶 G 板（10cm × 20cm）或预制板，用微量注射器（或用定量毛细管）吸取甲基橙、甲基红、甲基黄及试样各1μL，分别点在硅胶 G 板上，如图 6 – 2 所示。点间距为1 ~ 1.5cm。注意每次吸取溶液前，微量注射器均应用无水乙醇及所取溶液分别洗涤三次。

3. 展开

薄层色谱需在密闭容器中进行。本实验采用倾斜上行法展开斑点。取 10mL 展开剂放入展开缸中，饱和 15 ~ 30 分钟后，将已点好样的硅胶 G 板斜插入展开槽中，盖好玻璃板，展开槽

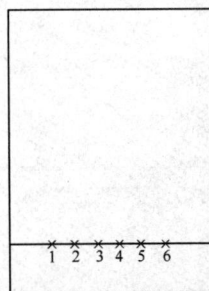

图 6 – 2　薄层点样示意图
1. 甲基红（1μL）　2. 甲基橙（1μL）　3. 甲基黄（1μL）4、5. 试样（1μL）　6. 甲基红（2μL）

应尽量放在水平位置。约半小时左右，观察待测组分的斑点是否已与其他组分分开，一般斑点间隔 2cm 左右即可方便地进行测量。取出展开的硅胶板，在通风柜中将展开剂挥发至干，方可进行测定。

4. 测量

在薄层扫描仪上扫描测定，吸收波长 $\lambda_S = 510nm$，参比波长 $\lambda_R = 690nm$，测量样品和对照品斑点吸光度积分值，并计算含量。

五、注意事项

1. 点样时对照品与试样最好交叉点样。
2. 自制的薄层板应平整、均匀、无污损。

六、思考题

1. 解释甲基橙、甲基红及甲基黄在硅胶板上以正丁醇、无水乙醇和环己烷混合溶剂为展开剂时，各组分的位置，并说明 R_f 值不同的原因。
2. 为何多用外标二点法定量，而不用外标一点法？

第七章 气相色谱法

实验二十三　固定液的涂渍与色谱柱的填充

一、目的要求

掌握气相色谱法中固定液的涂渍与色谱柱的填充操作方法。

二、实验原理

固定液的涂渍与色谱柱的填充，是直接影响柱效的重要因素，因此掌握好固定液涂渍及色谱柱填充技术，是进行气相色谱分析的前提。

根据组分的极性大小选择不同的担体，并通过酸洗或碱洗等方法进行处理，以改进担体孔径结构，从而提高柱效。

固定液涂布是否均匀，固定相在柱管内填充是否均匀、紧密，并在填充过程中不被破碎，对色谱柱的柱效影响甚大。固定相装填后还需进行老化，以除去残留的溶剂和低沸点杂质，并使固定液液膜牢固、均匀地涂布在担体表面。

三、实验内容与步骤

1. 担体的处理

（1）酸洗担体（AW）：用 50% HCl 在红外灯加热下浸泡 20～30 分钟，用水洗至中性，烘干过筛备用。

（2）碱洗担体（BW）：用 50% KOH 甲醇溶液，在红外灯下浸泡 20～30 分钟，用水洗至中性，烘干过筛备用。

2. 空管柱处理

将欲填充的空管柱，充满自来水测量其容积，作为担体用量的依据。

空管清洗可用 5% NaOH 浸泡后，用水洗至中性，再用 5% HCl 浸泡，用水洗至中性，依次用乙醇、乙醚洗涤，烘干备用。每次洗涤均需洗至洗涤液澄清无杂质。对于不锈钢管柱，可省去酸洗步骤。

3. 固定液的涂渍

以 4% 甲基苯基硅油/101 白色担体为例说明，用量筒量取略多于空管柱体积 60～80 目已处理过的担体（约多于空管柱体积的 10%～20%）称重，用减重法称取担体重量的 4% 甲基苯基硅油，置于 250mL 洁净干燥烧杯中，用氯仿溶解（其体积以刚没过担体为宜），在红外灯下搅拌均匀，加热至30℃~40℃，迅速加入担体后搅拌，在通风处挥发溶剂至干，难溶性固定液如硅橡胶等常需回流涂渍。对已涂渍固定液的担体，需进行静态老化，放置在烘箱中缓缓升温至120℃左右，保持3~4小时，以除去水分、残余溶液及易挥发杂质。

4. 填充装柱

对螺旋管柱，下端出口塞玻璃棉后与抽气泵相连，上端装一小漏斗，边抽气边倒入固定相，保持不间断的细流，同时均匀轻轻敲打柱壁，直至装满并在上端塞好玻璃棉。

四、思考题

1. 试讨论动态老化及静态老化的作用。
2. 若装柱不均匀，对柱效有何影响？

实验二十四　气相色谱仪性能检查

一、目的要求

1. 掌握气相色谱仪的一般使用方法。
2. 熟悉定性、定量误差的主要来源，气相色谱仪主要性能的检查及定量计算方法。

二、实验原理

依据塔板理论计算色谱柱的理论塔板数(n)。$n = 5.54 \times \left(\dfrac{t_R}{W_{1/2}} \right)^2 = 16 \left(\dfrac{t_R}{W} \right)^2$，$H = \dfrac{L}{n}$ 用于评价色谱柱的性能。利用分离度公式计算两组分的分离度，用于评价色谱条件。

三、仪器与试剂

1. 仪器

气相色谱仪。

2. 试剂

苯(AR)、0.05%苯的二硫化碳溶液、苯-甲苯(1:1)溶液、苯-甲苯(1:1)的0.05%二硫化碳溶液。

四、实验内容与步骤

1. 仪器定性与定量重复性检查

(1)实验条件

氢焰检测器；

柱温：80℃±5℃；

气化器及氢焰检测器温度120℃；

载气：N_2 30 ~ 40mL/min；

燃气：H_2；$H_2/N_2 = 1/1$；

助燃气：空气；$H_2/$空气 $= 1/5 ~ 1/10$；

进样量：0.5μL，进样 3 次。

（2）实验方法

氢焰用：苯 – 甲苯(1:1)的 0.05% 的二硫化碳溶液。

进样量：0.2 ~ 0.7μL，连续进样 5 次，并计算定量重复性。

$$Q = \left| \frac{\overline{W} - Z_X}{\overline{W}} \right| \times 100\%$$

Q：最大相对误差；

$\overline{W}$ 为五次进样测得的平均值；

Z_X 为某次进样测量之值；

$\overline{W} - Z_X$ 为最大偏差。

定性：W、Z_X 用苯与甲苯的保留时间之差代入计算。

定量：W、Z_X 用苯与甲苯的峰高比代入计算。

（3）记录与数据处理

表 7 – 1　数据及其处理

1. 苯 2. 甲苯	t_{R_1} （min）	t_{R_2} （min）	$t_{R_2} - t_{R_1}$ （min）	h_1 （cm）	h_2 （cm）	h_1/h_2	$W_{1/2}^1$ （cm）	$W_{1/2}^2$ （cm）
1	2.12	4.48	2.36	13.72	6.34	2.16	0.236	0.499
2	2.12	4.49	2.37	13.65	6.30	2.17	0.240	0.499
3	2.12	4.51	2.39	13.65	6.29	2.17	0.250	0.499
4	2.13	4.51	2.38	13.68	6.28	2.18	0.247	0.499
5	2.12	4.52	2.39	13.82	6.36	2.17	0.243	0.494
X	2.12	4.50	2.38	13.70	6.32	2.17	0.243	0.498

定性重复性：

$$Q = \left| \frac{\overline{W} - Z_X}{\overline{W}} \right| \times 100\% \qquad \overline{W} = (t_{R_2} - t_{R_1})$$

$$= \left| \frac{2.38 - 2.36}{2.38} \right| \times 100\% \qquad Z_X = (t_{R_2} - t_{R_1}) \text{选偏差最大者}$$

$$= 0.48\%$$

定量重复性：

$$Q = \left| \frac{\overline{W} - Z_X}{\overline{W}} \right| \times 100\% \qquad\qquad \overline{W} = \overline{(h_1/h_2)}$$

$$= \left| \frac{2.17 - 2.16}{2.17} \right| \times 100\% \qquad\qquad Z_X = (h_1/h_2) \quad 选偏差最大者$$

$$= 0.46\%$$

2. 理论塔板数及分离度的计算

将仪器的定性、定量重复性检查所得苯及甲苯的保留时间、半峰宽及峰宽代入下式计算理论塔板数 n、塔板高度 H 及分离度 R。

（1）

$$n = 5.54 \left(\frac{t_R}{W_{1/2}} \right)^2$$

求出 $n_{苯}$ 及 $n_{甲苯}$

（2）

$$H = \frac{L}{n}$$

求出 $H_{苯}$ 及 $H_{甲苯}$（H 的单位以 mm 表示）

（3）

$$R = \frac{(t_{R甲苯} - t_{R苯})}{1.699(W_{1/2甲苯} + W_{1/2苯})}$$

注意 $W_{1/2}$ 应与 t_R 单位一致。

实验二十五　气相色谱法定性分析

一、目的要求

1. 练习气相色谱仪的使用。
2. 学会气相色谱定性分析方法。

二、实验原理

气相色谱仪是一种强有力的分离手段，但在定性鉴定上则是软弱无力的。实际工作中有时遇到的样品成分大体上是已知的，这时得到的气相色谱图可以借助纯的标样加以对照，利用保留值进行定性，这样的定性鉴定是相当简单的。

三、仪器与试剂

1. 仪器

气相色谱仪（TCD）、微量注射器（10μL，1μL）。

2. 试剂

环己烷(AR)、苯(AR)、甲苯(AR)。

四、实验内容与步骤

1. 按仪器操作说明书控制各项实验条件。

色谱柱：不锈钢，$2m \times 4mm$。

固定相：15% DNP - 6201 担体(60 ~ 80 目)。

温度：柱室100℃，检测室130℃，气化室150℃。

载气流量：H_2，60mL/min。

进样量：$0.8\mu L$。

桥电流：180mA。

2. 待仪器稳定后，用$10\mu L$微量注射器注射$5\mu L$空气，记录色谱图及出峰时间。

3. 用$1\mu L$微量注射器注射$0.8\mu L$环己烷 - 苯 - 甲苯混合液，记录色谱图及出峰时间。

4. 用$1\mu L$微量注射器注射$0.8\mu L$环己烷 - 苯或甲苯标样，记录色谱图及出峰时间。

5. 将保留时间、调整保留时间和相对保留值(以苯为基准)列成表格，确定混合物中各峰为何物。

五、注意事项

1. 实验前，对色谱仪整个气路系统必须进行检漏。如有漏气点，应进行排除。

2. 为了防止热丝烧断，开机前应先通气，然后通桥电流。关机时应先关桥电流，后关气。不得超过最高允许桥电流(见仪器说明书)。

3. 微量注射器应小心使用，用力不可过猛，芯子不要折弯，也不要全部拉出套外。若有不清楚之处，应立即报告指导教师妥善处理，样品溶液中如有难挥发溶质，使用完毕立即用乙醇或丙酮多次清洗，以免芯子受污染而卡死。

六、思考题

1. 保留时间、调整保留时间和相对保留值如何定义？它们各自的特点和适用范围如何？

2. 根据色谱原理，试推测在实验中环己烷、苯、甲苯的出峰先后顺序。

3. GC 法定性的原理是什么？

4. 本实验中分离环己烷、苯、甲苯为什么选用邻苯二甲酸二壬酯作固定液？

实验二十六　丁香的含量测定

一、目的要求

1. 练习气相色谱仪的使用。

2. 学会用外标法定量。

二、实验原理

外标法分标准曲线法、外标一点法和外标二点法。标准曲线法是用对照物质配成一系列浓度的对照品溶液确定工作曲线，求出斜率和截距，还可以计算出标准曲线的回归方程。在完全相同的条件下，准确进样，对照品溶液进样量与样品溶液进样量完全相同，根据待测组分的色谱峰面积信号，从标准曲线上查出其浓度或代入标准曲线的回归方程计算出样品浓度。标准曲线的截距为零时，可用外标一点法（直接比较法）定量。标准曲线的截距不为零时，须用外标二点法定量。

三、仪器与试剂

1. 仪器
气相色谱仪（FID）、1μL 微量注射器、超声波提取仪。

2. 试剂与试药
正己烷（AR）。

丁香药材、丁香酚对照品。

四、实验内容与步骤

1. 仪器条件
以聚乙二醇（PEG）–20M 为固定相，涂布浓度为 10%；柱温 190℃；理论塔板数按丁香酚计算应不低于 1500。

2. 对照品溶液的制备
取丁香酚对照品适量，精密称定，加正己烷制成每 1mL 含 2mg 的溶液，即得。

3. 试样溶液的制备
取丁香粉末（过 24 目筛）约 0.3g，精密称定，精密加入正己烷 20mL，称定重量，超声处理 15 分钟，放置至室温，再称定重量，用正己烷补足减失的重量，摇匀，滤过，即得。

4. 测定
分别精密吸取对照品溶液与试样溶液各 1μL，注入气相色谱仪，测定，并计算含量。

五、思考题

1. 外标一点法的应用前提和优点是什么？
2. 外标二点法的应用前提是什么？

实验二十七 冰片的含量测定(内标法)

一、目的要求

1. 掌握气相色谱法的使用。
2. 学会用内标法定量分析。

二、实验原理

内标法是选择样品中不含有的纯物质作为对照物质加入待测样品溶液中,以待测组分和对照物质的响应信号对比,测定待测组分的含量。

三、仪器与试剂

1. 仪器

气相色谱仪(FID)、1μL 微量注射器。

2. 试剂与试药

水杨酸甲酯、醋酸乙酯、冰片、龙脑对照品。

四、实验内容与步骤

1. 仪器条件

以聚乙二醇(PEC)-20M 为固定相,涂布浓度为 10%,柱温 140℃。理论塔板数按龙脑峰计算不低于 1900。

2. 校正因子的测定

取水杨酸甲酯适量,精密称定,加醋酸乙酯制成每 1mL 含 5mg 的溶液,作为内标溶液。另取龙脑对照品 50mg,精密称定,置 100mL 量瓶中,加内标溶液溶解,并稀释至刻度,摇匀,吸取 1μL,注入气相色谱仪,计算校正因子。

3. 测定

取冰片约 50mg,精密称定,置 10mL 量瓶中,用内标溶液溶解并稀释至刻度,摇匀,吸取 1μL,注入气相色谱仪,测定,并计算含量。

五、思考题

1. 内标法的优点是什么?内标法的缺点是什么?
2. 内标物应满足哪些条件?

实验二十八　冰片的含量测定(外标法)

一、目的要求

1. 掌握用外标法定量的原理和方法。
2. 练习气相色谱仪的使用。

二、实验原理

外标法分为标准曲线法、外标一点法和外标两点法。标准曲线法是用对照物质配成一系列浓度的对照品溶液确定工作曲线，求出斜率和截距，还可以计算出标准曲线的回归方程。在完全相同的条件下，准确进样与对照品溶液相同体积的样品溶液，根据待测组分的色谱峰面积信号，从标准曲线上查出其浓度或代入标准曲线的回归方程计算出样品浓度。标准曲线的截距为零时，可用外标一点法(直接比较法)定量。标准曲线的截距不为零时，须用外标两点法定量。

三、仪器与试剂

1. 仪器
气相色谱仪(FID)，1μL 微量注射器，称量瓶(10mL)。
2. 试剂
乙酸乙酯(AR)。
3. 试药
冰片样品，龙脑对照品。

四、实验内容与步骤

1. 仪器条件
以聚乙二醇 20000(PEG - 20M)为固定相，涂布浓度为 10%；柱温 140℃；载气为 N_2；FID 检测器；理论塔板数按龙脑峰计算应不低于 2000。
2. 对照品溶液的制备
取龙脑对照品适量，精密称定，加乙酸乙酯制成每 1mL 含 5mg 的溶液，即得。
3. 供试品溶液的制备
取本品细粉约 50mg，精密称定，置 10mL 量瓶中，加乙酸乙酯溶解并稀释至刻度，摇匀，即得。
4. 测定法
分别精密吸取对照品溶液与供试品溶液各 1μL，注入气相色谱仪，测定，并计算含量。
本品含龙脑($C_{10}H_{18}O$)不得少于 55.0%。

五、注意事项

1. 正确使用容量仪器，准确配制对照品溶液和供试品溶液。
2. 使用 1μL 微量注射器，不要把针芯拉出针筒外。

六、思考题

1. 使用 FID 时，一般 H_2、N_2、Air 三者流量之比是多少？
2. 外标一点法的应用条件和优点是什么？
3. 外标两点法的应用前提是什么？

实验二十九　　气相色谱法定量分析(归一化法)

一、目的要求

1. 练习气相色谱仪的使用。
2. 学会重量校正因子的测定。
3. 学会归一化法定量。

二、实验原理

气相色谱定量分析方法有外标法、内标法、归一化法。当样品中各组分都能出峰，并一一分开时，可以利用归一化法进行定量。样品中某一组分的含量按下式计算：

$$C_i\% = \frac{A_i f'_i}{\sum_{i=1}^{n}(A_1 f'_1 + \cdots + A_i f'_i + \cdots + A_n f'_n)} \times 100\% = \frac{A_i/S'_i}{\sum_{1}^{n} A_n/S'_n} \times 100\%$$

重量校正因子可以查手册，也可以自行测定。测定时取已知含量(或重量配比)的混合液，从色谱图中求出各自的峰面积，按下式计算：

$$\frac{A_i f_i}{A_s f_s} = \frac{m_i}{m_s}$$

$$f_i = \frac{A_s f_s}{A_i} \times \frac{m_i}{m_s}$$

本实验可设 $f_s = f_{苯} = 0.78(TCD)$。

三、仪器与试剂

1. 仪器
气相色谱仪(TCD)、1μL 微量注射器、读数显微镜 20×。
2. 试剂
环己烷 - 苯(体积配比 1∶1，重量配比 0.79∶0.879)、环己烷 - 苯样品液。

四、实验内容与步骤

1. 控制实验条件(同实验二十五)。

2. 用微量注射器注射 $0.8\mu L$ 环己烷－苯标样,记录色谱图,测量各组分的峰面积。然后按下式计算环己烷的重量校正因子:

$$f_{环己烷} = \frac{A_{苯}f_{苯}}{A_{环己烷}} \cdot \frac{m_{环己烷}}{m_{苯}}$$

将测量结果与文献值作一比较。

3. 注射 $0.8\mu L$ 环己烷－苯样品液,记录色谱图。用同样的方法求出各组分的峰面积,并利用测得的 f 值,按下式计算各组分的百分含量。

$$C_i = \frac{A_if_i}{\sum(A_1f_1 + \cdots + A_if_i + \cdots + A_nf_n)} \times 100\%$$

五、思考题

1. 试讨论气相色谱各种定量方法的优缺点及适用范围。
2. 在什么情况下可以用归一化法定量。
3. 为什么用归一化法定量时准确度与进样量无关。

第八章
高 效 液 相 色 谱 法

实验三十　高效液相色谱仪柱效能和分离度的测定

一、目的要求

1. 掌握色谱柱理论塔板数、理论塔板高度和色谱峰拖尾因子的计算方法。
2. 掌握如何计算分离度。
3. 了解考察色谱柱基本特性的方法和指标。

二、实验原理

1. 理论塔板数和理论塔板高度的测试

根据塔板理论，理论塔板数越大，板高越小，柱效能越高。通过测试苯、萘、菲、联苯的理论塔板数判断其柱效的高低。

2. 拖尾因子的计算

色谱柱的热力学性质和柱填充得均匀与否，将影响色谱峰的对称性，色谱峰的对称性用峰的拖尾因子(T)来衡量，T应在 $0.95 \sim 1.05$ 之间。

3. 分离度的计算

分离度是从色谱峰判断相邻二组分在色谱柱中总分离效能的指标，用 R 表示，分离度应大于 1.5。

三、仪器与试剂

1. 仪器

液相色谱仪(紫外检测器)、C_{18} 反相键合色谱柱($150mm \times 4mm$)、微量注射器($25\mu L$)、过滤器($0.45\mu m$)、脱气装置。

2. 试剂

苯、萘、菲、联苯、甲醇(色谱纯)、重蒸馏水(新制)。

四、实验内容与步骤

1. 色谱条件

流动相为甲醇 – 水($80:20$)；固定相为 C_{18} 反相键合色谱柱；检测波长为 $254nm$；流量 $1mL/min$。

2. 试样的制备

取苯、萘、菲、联苯的甲醇溶液(1μg/mL),作为试样溶液。

3. 流动相

配制甲醇 - 水(80:20)液,然后过滤并脱气。

4. 测定

吸取试样溶液,注入色谱仪,记录色谱图。计算萘的理论塔板数(n),各组分的拖尾因子(T)及苯与萘、菲与联苯的分离度(R)。

五、注意事项

1. 在使用本仪器前,应了解仪器的结构、功能和操作程序。

2. 所有的流动相使用前必须先脱气。

3. 开机时先打开工作站,排气泡后再连接泵,最后连接检测器,关闭顺序与开机相反。

六、数据处理

1. 理论塔板数的计算

$$n = 5.54 \times \left(\frac{t_R}{W_{1/2}} \right)^2$$

式中:t_R 为物质保留时间;

　　　$W_{1/2}$ 为半峰宽高。

根据公式计算出苯、萘、菲、联苯的理论塔板数。

2. 拖尾因子 T 的计算公式

$$T = \frac{W_{0.05h}}{2d_1}$$

式中:$W_{0.05h}$ 为 0.05 峰高处的峰宽;

　　　d_1 为峰极大至峰前沿之间的距离。

3. 分离度计算公式

$$R = \frac{2(t_{R2} - t_{R1})}{W_1 + W_2}$$

式中:t_{R2} 为相邻两峰后一峰的保留时间;

　　　t_{R1} 为相邻两峰前一峰的保留时间;

　　　W_1 及 W_2 为相邻两峰的峰宽。

七、思考题

1. 说明苯、萘、菲、联苯在反相色谱中的洗脱顺序。

2. 流动相在使用前为何要脱气?

实验三十一 外标法测定丹参中丹参酮Ⅱ~A~的含量

一、目的要求

1. 练习使用高效液相色谱议。
2. 学会用外标法定量分析。

二、实验原理

外标法可分为外标一点法、外标二点法及标准曲线法。当标准曲线截距为零时,可用外标一点法定量。在药物分析中,为了减少实验条件波动对分析结果的影响,采用随行外标一点法,即每次测定都同时进对照品与试样溶液。

三、仪器与试剂

1. 仪器

液相色谱仪(紫外检测器)、微量注射器($5\mu L$)、C_{18}反相色谱柱、棕色量瓶($25mL$,$50mL$)、吸量管($2mL$)、超声提取器。

2. 试剂与试药

甲醇(色谱纯)、重蒸馏水。

丹参酮Ⅱ~A~对照品、丹参药材。

四、实验内容与步骤

1. 色谱条件

C_{18}反相键合硅胶填充柱;流动相为甲醇 – 水($15 : 5$);检测波长$270nm$;流速$1mL/min$;按丹参酮Ⅱ~A~计算n不低于2000。

2. 对照品溶液的制备

精密称取丹参酮Ⅱ~A~对照品$10mg$,置$5mL$棕色量瓶中,加甲醇至刻度,摇匀,精密量取$2mL$,置$25mL$棕色量瓶中,加甲醇至刻度,摇匀,即得(每$1mL$含丹参酮Ⅱ~A~$16\mu g$)。

3. 试样溶液的制备

取丹参药材粉末(过2号筛)$0.3g$,精密称定,置具塞锥形瓶中,精密加入甲醇$50mL$,密塞,称定重量,超声30分钟,放冷,密塞,再称定重量,用甲醇补足减失的重量,摇匀,滤过,取续滤液,即得。

4. 测定

分别精密吸取对照溶液与试样溶液各$5\mu L$,注入液相色谱仪,测定,并计算含量。

五、注意事项

试样溶液提取时要注意补足减失的重量,超声提取温度不易过高,多次提取时要注意换超声提取器中的水，以免丹参酮II$_A$受热分解影响其含量。

六、思考题

1. 外标一点法主要误差来源是什么？
2. 紫外检测器的优缺点是什么？

实验三十二 标准曲线法测定芍药苷的含量

一、目的要求

1. 掌握高效液相色谱法的应用。
2. 学会用标准曲线法定量分析。

二、实验原理

外标法除了外标一点法、外标二点法外，还有标准曲线法。标准曲线法定量分析，即已知量的标准物质用与试样相同的溶剂配成一系列的标准溶液，用与试样相同的色谱条件进行测定，记录峰面积，以峰面积为纵坐标，标准溶液的浓度为横坐标绘制标准曲线。然后在同样条件下测定试样溶液的峰面积，由标准曲线求出试样中待测组分的含量。

三、仪器与试剂

1. 仪器
液相色谱仪（紫外检测器）、十万分之一电子分析天平、微量注射器（10μL）、C$_{18}$反相色谱柱、量瓶（25mL）、吸量管（25mL）、超声提取器。
2. 试剂
甲醇（或乙腈，均为色谱纯）、磷酸二氢钾、重蒸馏水。
芍药苷对照品、赤芍药材。

四、实验内容与步骤

1. 色谱条件
C$_{18}$反相键合硅胶填充柱；流动相为甲醇 – 0.05mol/L 磷酸二氢钾溶液（40∶65），或乙腈 – 水（17∶83）；检测波长230nm；流速1mL/min；按芍药苷计算理论塔板数不低于3000。
2. 对照品溶液的制备
精密称取在五氧化二磷减压干燥器中干燥的芍药苷对照品适量，配成0.1000mg/mL的溶液。

3. 试样溶液的制备

取赤芍药材粉末(过 2 号筛)0.1g，精密称定，置具塞锥形瓶中，精密加入甲醇 25mL，密塞，称定重量，浸泡 4 小时，超声 20 分钟，放冷，再称定重量，用甲醇补足减失的重量，摇匀，滤过，即得。

4. 标准曲线的制备

分别精密吸取对照品溶液 2、4、6、8、10μL，注入液相色谱仪，按上述色谱条件测定峰面积。以测定的峰面积为纵坐标，以芍药苷浓度为横坐标，绘制标准曲线，并计算回归方程，确定线性范围。

5. 测定

精密吸取试样溶液 10μL，注入液相色谱仪，按上述色谱条件测定峰面积，并计算含量。

五、注意事项

1. 试样溶液提取时要注意补足减失的重量，以免由于溶液的浓度改变而影响芍药苷的含量。

2. 试样溶液的浓度应该控制在线性范围内。

六、数据处理

1. 根据标准曲线计算回归方程。
2. 根据标准曲线计算相关系数。
3. 根据回归方程计算供试品中芍药苷的含量。

七、思考题

1. 试述标准曲线法和外标两点法定量的优缺点。
2. 当回归方程的截距不为零，即标准曲线不过原点时能否用外标一点法测定待测组分的含量？

实验三十三　复方炔诺孕酮片的含量测定

一、目的要求

1. 掌握内标法的定量方法。
2. 了解 HPLC 在药物分析中的应用。

二、实验原理

《中国药典》2010 年版规定，复方炔诺孕酮片每片含炔诺孕酮($C_{21}H_{28}O_2$)应为 0.270 ~ 0.345mg，含炔雌醇($C_{20}H_{24}O_2$)应为 27.0 ~ 34.5μg。

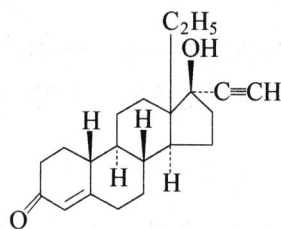

炔诺孕酮

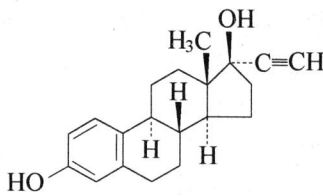

炔雌醇

根据内标法计算公式计算组分的含量：

$$(C_{待测}\%)_{样品} = \frac{(A_{待测}/A_{内标})_{样品}}{(A_{待测}/A_{内标})_{标准}} \times (C_{待测}\%)_{标准}$$

三、仪器与试剂

1. 仪器

高效液相色谱仪（紫外检测器）、微量进样器、C_{18}反相色谱柱。

2. 试剂与试药

乙腈（色谱醇）、双蒸馏水。

复方炔诺孕酮片、醋酸甲地孕酮对照品、炔诺孕酮对照品、炔雌醇对照品。

四、实验内容与步骤

1. 色谱条件

色谱柱：C_{18}柱（15cm ~ 25cm × 4.6mm，5μm）；流动相：乙腈 – 水（60 : 40）；检测波长：220nm。

2. 内标溶液的制备

取醋酸甲地孕酮适量，加乙腈制成每1mL中含1mg的溶液，摇匀，即得。

3. 样品的测定

取复方炔诺孕酮片20片，精密称定，研细，精密称取适量（约相当于炔诺孕酮1.5mg），置10mL量瓶中，精密加入内标溶液1mL，加流动相适量，超声处理使溶解，放冷，用流动相稀释至刻度，摇匀，滤过，取续滤液20μL注入液相色谱仪，记录色谱图；另取炔诺孕酮和炔雌酮对照品适量，用乙腈制成每1mL中含炔诺孕酮1.5mg和炔雌酮0.15mg的溶液，精密量取此溶液与内标溶液各1mL，置10mL量瓶中，加流动相至刻度，摇匀。取20μL注入液相色谱仪，测定。按峰面积计算含量，即得。

五、注意事项

《中国药典》要求，本色谱条件理论塔板数（n）按炔诺孕酮峰计算应不低于6000，各组分与内标物峰的分离度（R）应大于1.5。

六、数据处理

1. 计算试样溶液中样品浓度。

2. 计算每片样品中所含被测成分的量。

七、思考题

1. 内标法有何优缺点？
2. 内标法有几种定量方法？

第九章　综合性实验

实验三十四　有机化合物的吸收光谱及溶剂效应

一、目的要求

1. 了解紫外－可见分光光度计的结构及使用方法。
2. 了解苯及其衍生物的紫外吸收光谱及鉴别方法。

二、实验原理

芳香族化合物紫外光谱的特点是具有由 $\pi \rightarrow \pi^*$ 跃迁产生的 3 个特征吸收带，即在 184nm（$\varepsilon = 68000$）、204nm（$\varepsilon = 8800$）、254nm（$\varepsilon = 250$）有三个吸收峰，当苯成为气态时，吸收带具有精细结构。当苯环上有取代基时，则影响苯的 3 个特征吸收带。

比较未知物与已知纯化合物的吸收光谱，或将未知物的吸收光谱与标准图谱比较，可对未知物进行定性鉴别。

三、仪器与试剂

1. 仪器

紫外－可见分光光度计；具塞比色管（5mL，10mL）；移液管（1mL，0.1mL）。

2. 试剂

苯，乙醇，环己烷，正己烷，氯仿，丁酮，异亚丙基丙酮（均为 AR），HCl（0.1mol/L），NaOH（0.1mol/L），苯的环己烷溶液（1∶250），甲苯的环己烷溶液（1∶250），苯的环己烷溶液（0.3g/L），苯甲酸的环己烷溶液（0.8g/L），苯胺的环己烷溶液（1∶3000），苯酚的水溶液（0.4g/L），异亚丙基丙酮分别用水、氯仿、正己烷配成浓度为 0.4g/L 的溶液。

四、实验内容与步骤

1. 未知化合物鉴定

用滴管移取 1 滴未知试样，置于 1cm 石英吸收池内，加盖，放置 2～3 分钟后，置于试样光路中。将另一空白石英吸收池置于参比光路中，在慢速扫描下，改变 3 种光谱带通（0.2nm，1.0nm，3.0nm），绘制未知物的紫外吸收光谱。据所获吸收光谱，选择一种合适的带通，绘制快速扫描下未知物的紫外吸收光谱。

2. 测定吸收光谱

在 4 个 5mL 具塞比色管中，分别加入 0.5mL 苯、甲苯、苯酚、苯甲酸的环己烷溶液，用环己烷溶液稀释至刻度，摇匀。用带盖的石英吸收池，以环己烷作参比溶液，在紫外区进行波长扫描，得出 4 种溶液的吸收光谱。

3. 溶剂对紫外吸收光谱的影响

溶剂极性对 $n \to \pi^*$ 跃迁的影响：在 3 个 5mL 具塞比色管中，分别加入 0.02mL 丁酮，然后分别用水、乙醇、氯仿稀释至刻度，摇匀。用 1cm 石英吸收池，将各自的溶剂作参比溶液，在紫外区作波长扫描，得到 3 种溶液的紫外吸收光谱。

溶剂极性对 $\pi \to \pi^*$ 跃迁的影响：在 3 个 10mL 具塞比色管中，依次加入 0.02mL 异亚丙基丙酮，分别用正己烷、氯仿、水稀释至刻度，摇匀。用 1cm 石英吸收池，将各自的溶剂作参比溶液，在紫外区作吸收光谱图。

五、注意事项

1. 在使用本仪器前，应了解仪器的结构、功能和操作程序。
2. 在仪器扫描过程中，不要按动任何键，不要任意打开试样室盖子。
3. 吸收池的光学面，必须清洁干净，不准用手触摸，只可用擦镜纸擦拭。
4. 对于易挥发的试样，应在吸收池上加盖玻璃片。

六、数据处理

1. 根据未知试样的吸收光谱和吸收峰，判断该试样属何种类型，再与标准图谱比较，指出未知物是何种化合物。
2. 比较苯、甲苯、苯酚和苯甲酸吸收光谱，计算各取代基使苯的 λ_{max} 红移了多少纳米。
3. 比较溶剂对吸收光谱的影响。

七、思考题

1. 试说明光谱带通和扫描速度的改变为什么会影响吸收光谱的形状。通过本实验，你是否下次作相关试验时还会选择上述条件？
2. 为什么溶剂极性增大，$n \to \pi^*$ 跃迁产生的吸收带发生紫移，而 $\pi \to \pi^*$ 跃迁产生的吸收带则发生红移？

实验三十五 枸橼酸钠的含量测定

一、目的要求

1. 掌握离子交换色谱法结合酸碱滴定法测定枸橼酸钠的原理。
2. 熟悉离子交换色谱的操作步骤。

二、实验原理

利用强酸型阳离子交换树脂与枸橼酸钠进行交换反应生成枸橼酸，以酚酞作指示剂，用氢氧化钠标准溶液滴定，测定枸橼酸钠的含量。

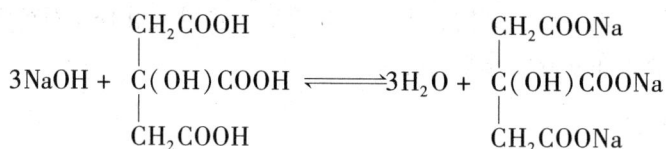

$$3RH_n + \begin{array}{c} CH_2COONa \\ | \\ C(OH)COONa \\ | \\ CH_2COONa \end{array} \Longrightarrow 3RH_{(n-3)}Na + \begin{array}{c} CH_2COOH \\ | \\ C(OH)COOH \\ | \\ CH_2COOH \end{array}$$

$$3NaOH + \begin{array}{c} CH_2COOH \\ | \\ C(OH)COOH \\ | \\ CH_2COOH \end{array} \Longrightarrow 3H_2O + \begin{array}{c} CH_2COONa \\ | \\ C(OH)COONa \\ | \\ CH_2COONa \end{array}$$

三、仪器与试剂

1. 仪器
离子交换柱(40cm×1.5cm)、分析天平、玻璃棒、500mL 锥形瓶。

2. 试剂与试药
枸橼酸钠、强酸型阳离子交换树脂 732 型、酚酞指示剂、甲基橙指示剂。
2mol/L HCl、0.1mol/L NaOH 标准溶液。

四、实验内容与步骤

1. 阳离子交换树脂的处理
取强酸型阳离子交换树脂 1～15g 置烧杯中，加蒸馏水浸湿(维持在 25℃2 小时)，连水一起移入底部预先塞好脱脂棉的离子交换柱中，于柱的上部也塞入脱脂棉少许(防止离子交换树脂冲起)，将离子交换柱垂直夹在铁架台上，自顶端加入 2mol/L HCl 30mL，开启活塞，使加入的 HCl 维持以每分钟 5mL 的流速流出，再用 60℃～70℃的蒸馏水冲洗，维持每分钟 20～30mL 的流速，冲洗至用甲基橙指示剂不显红色为止。

2. 枸橼酸钠的含量测定
(1)精密称取在 150℃干燥 18 小时的枸橼酸钠样约 1g，精密称定，置 50mL 小烧杯中，加水少许，溶解后转移入 100mL 容量瓶中，加水至刻度，摇匀。

(2)吸取此溶液 10mL，放入离子交换柱中，开启活塞，以每分钟 1～2mL 流速流出，待溶液全部进入树脂后，再加蒸馏水冲洗，至收集液达 200mL 时，以酚酞作指示剂，用0.1mol/LNaOH 滴定至淡红色。

五、注意事项

1. 离子交换柱底塞入的脱脂棉不要塞得太紧，否则影响流速。

2. 装柱及洗脱过程中，一定不要让柱子中的洗脱剂流干，否则会影响交换效果。

六、数据处理

$$C_6H_5O_7N\% = \frac{C_{NaOH} \times V_{NaOH} \times 258.08/3000}{S \times 10/100} \times 100\%$$

$$(M_{C_6H_5O_7Na_3} = 258.08g/mol)$$

七、思考题

1. 离子交换色谱法的主要操作步骤是什么？
2. 离子交换色谱法结合酸碱滴定法测定枸橼酸钠的原理是什么？

实验三十六 中药厚朴中厚朴酚与和厚朴酚的提取及含量测定

一、目的要求

1. 了解中药厚朴中厚朴酚及和厚朴酚成分的提取方法。
2. 了解 HPLC 测定中药有效成分的步骤和方法。

二、实验原理

厚朴酚与和厚朴酚是中药厚朴的有效成分，两种物质在 294nm 波长处均有最大吸收，可用适当的溶剂提取后，用 ODS 柱分离，再用紫外检测器检测，计算厚朴中两种成分的含量。

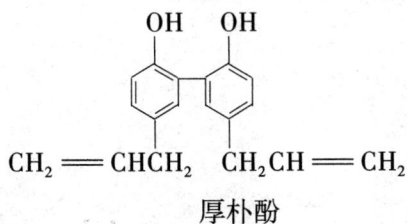

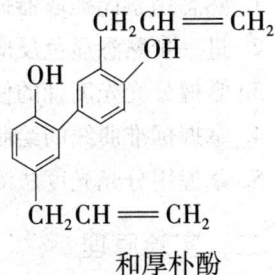

厚朴酚   和厚朴酚

三、仪器与试剂

1. 仪器
高效液相色谱仪、超声波提取仪、具塞锥形瓶、容量瓶、移液管。
2. 试剂与试药
甲醇(色谱纯)、重蒸馏水。
厚朴粉末(过 3 号筛)、厚朴酚对照品及和厚朴酚对照品。

四、实验内容与步骤

1. 试样的提取与制备

试样溶液的制备：取厚朴粉末（过 3 号筛）0.2g，精密称定，置具塞锥形瓶中，准确加入甲醇 25mL，摇匀，密塞，称定质量，摇匀，滤过。精密量取滤液 5mL，置 25mL 容量瓶中，加甲醇至刻度，摇匀，即得。

对照品溶液的制备：精密称取厚朴酚、和厚朴酚对照品适量，加甲醇分别制成每 1mL 含厚朴酚 40μg、和厚朴酚 24μg 的溶液，即得。

2. 色谱条件

填充柱：十八烷基硅烷键合硅胶；流动相：甲醇 – 水（78∶22）；检测器及检测波长：紫外检测器，294nm。

3. 含量测定

分别精密吸取上述两种对照品溶液各 4μL 与试样溶液 3～5μL，注入液相色谱仪，测定并计算含量

五、思考题

1. HPLC 的定量方法有哪几种，本实验中所用的是什么方法？
2. 本实验所用色谱方法属正相色谱还是反相色谱，应用范围如何？

实验三十七　大山楂丸中总黄酮的含量测定

一、目的要求

1. 熟悉用索氏提取器提取、分离中药黄酮类成分的方法。
2. 进一步熟悉显色反应条件的重要性及其控制。
3. 掌握分光光度计的使用方法。
4. 掌握标准曲线的绘制及回归方程的计算。
5. 掌握用分光光度法测定黄酮类成分的方法。

二、实验原理

总黄酮含量的测定用于大山楂丸质量标准的控制。黄酮类化合物在一定条件下，可与铝盐（Al^{3+}）定量地发生显色反应，生成红色配合物，于 510nm 处测其吸光度，从而测定总黄酮的含量。

三、仪器与试剂

1. 仪器与试样

索氏提取器、容量瓶、刻度吸管、分析天平、可见分光光度计。

2. 试剂

槲皮素对照品、乙醇(AR)、大山楂丸(市售品)试样。

5% $NaNO_2$ 溶液、10% $Al(NO_3)_3$ 溶液、1mol/L NaOH 溶液。

四、实验内容与步骤

1. 标准品溶液的配制

精密称取槲皮素对照品 20mg，置 100mL 容量瓶中，加入 95% 乙醇 50mL 溶解，再以 50% 乙醇稀释至刻度，摇匀，即得 0.2mg/mL 的对照品溶液。

2. 标准曲线的制备

精密量取对照品溶液 0.0、1.0、2.0、3.0、4.0、5.0mL，分别置于 10mL 容量瓶中。分别加入 50% 乙醇使成 5mL；精密加入 5% $NaNO_2$ 溶液 0.3mL，摇匀，放置 6 分钟；加入 10% $Al(NO_3)_3$ 溶液 0.3mL，摇匀，放置 6 分钟；加入 1mol/L NaOH 溶液 4mL；分别用 50% 乙醇稀释至刻度，摇匀，放置 15 分钟。以第一瓶作空白，于 510nm 处分别测其吸光度，作 $A - C$ 曲线(即标准曲线)或计算其回归方程。

3. 总黄酮的提取及试液的制备

取于 105℃ 干燥 2 小时的大山楂丸约 6.5g，精密称定，置索氏提取器中，加入 95% 乙醇 130mL，回流提取 1.5~2 小时。

将提取液定量转移至 250mL 溶量瓶中，补加蒸馏水至刻度，摇匀，作为试样溶液。

4. 含量测定

精密量取试样溶液 1mL，置 10mL 容量瓶中，加入 50% 乙醇使成 5mL，按标准品溶液显色的方法操作，并测定吸光度 A。由标准曲线或回归方程计算试样中总黄酮的含量。(平行测定三次)

五、注意事项

1. 提取 1.5 或 2 小时，视具体情况而定。

2. 显色剂加入顺序均不可随意改变。

3. 试样、对照品显色后应尽快测定其吸光度。若放置时间超过 30 分钟，将可能产生误差。

六、数据处理

标准曲线或回归方程：

表 9 – 1   实验报告记录格式

测定次数	1	2	3
试样质量(g)			
提取时间(h)			
吸光度			
总黄酮含量(%)			
相对平均偏差			

七、思考题

分光光度计及比色皿使用中应注意哪些问题？

第十章 设计性实验

实验三十八　水中微量铁的测定

（设计性实验）

一、目的要求

1. 掌握紫外 – 可见分光光度计的使用。
2. 掌握分光光度法测定药物及水中铁含量的操作方法及原理。

二、设计方案要求

1. 熟悉本实验的基本原理。
2. 设计本实验的实验内容与步骤。
3. 列出本实验所需的仪器与试剂。
4. 列出本实验的含量测定结果计算式。
5. 写出本实验的注意事项。

三、提示

1. 铁是药物和水中常见的一种杂质，因此对药物和饮水中的铁要进行检查和测定。亚铁离子与邻二氮菲生成稳定的橙红色配合物。应用此反应可测定铁，当铁以 Fe^{3+} 离子形式存在于溶液中时，可预先用还原剂（盐酸羟胺或对苯二酚等）将其还原为 Fe^{2+} 离子。显色时溶液 pH 值应为 $2 \sim 9$，若酸度过高（$pH < 2$）显色缓慢而色浅；若酸度过低，二价铁离子易水解。最大吸收波长为 508nm，$\varepsilon = 11000$。

2. 吸收池应配对校正。
3. 吸收池内外应清洁透明，如有气泡或颗粒应重新装液。
4. 吸收池用毕应充分洗净保存，关闭仪器，放好干燥剂，防尘。

四、思考题

1. 标准曲线法和标准对照法分别适用于何种情况？
2. 显色反应操作中，加入的各标准溶液与试样溶液的含酸量不同，对显色反应有无影响？

实验三十九　中药牡丹皮中丹皮酚的含量测定

一、目的要求

1. 掌握分光光度法在药物分析中的应用。
2. 了解中药中有效成分的含量测定方法。

二、设计方案要求

1. 熟悉本实验的基本原理。
2. 设计本实验的实验内容与步骤(应设计两种应用紫外分光光度法的定量方法,如标准曲线法、对照品对照法、吸收系数法等)。
3. 列出本实验所需的仪器与试剂。
4. 列出本实验的测定结果计算式。
5. 写出本实验的注意事项。

三、提示

中药牡丹皮中含有丹皮酚,丹皮酚可随水蒸气蒸馏,且在紫外光区有强烈吸收,在274nm波长处 $E_{1cm}^{1\%}$ 为862,利用丹皮酚的此性质,可用紫外分光光度法进行测定。

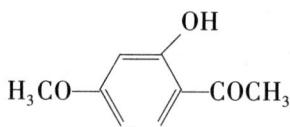

丹皮酚

四、思考题

1. 本实验中的样品取用量应如何计算?为什么取约0.2g?
2. 紫外分光光度法中各定量方法有何优缺点?在一般分析中常用哪一种?

实验四十　金银花中绿原酸的薄层层析鉴别

一、目的要求

1. 掌握薄层层析(TLC)的操作方法、程序及要点。
2. 掌握中药的定性鉴别方法。

二、设计方案要求

1. 熟悉本实验的基本原理。

2. 设计本实验的实验内容与步骤。

3. 列出本实验所需的仪器与试剂。

4. 写出本实验的定性结果判别方法。

5. 写出本实验的注意事项。

三、提示

1. 金银花的鉴别可采用硅胶 TLC 和聚酰胺薄膜色谱法。当选用不同的平面色谱时，所用展开剂不同，但均可达到定性鉴别的目的。

2. 当用薄膜色谱法时，点样量不能太大。

四、思考题

1. 当用硅胶 TLC 鉴别绿原酸时，用何种方法检视分析结果？

2. TLC 鉴别绿原酸时，展开剂多用什么系统(酸性、碱性、中性)？

实验四十一　固体混合物中苏丹黄的制备性分离

一、目的要求

1. 掌握制备性柱色谱法。

2. 培养学生独立进行科学实验的能力。

二、设计方案要求

1. 熟悉本实验的基本原理。

2. 设计本实验的实验内容与步骤。

3. 列出本实验所需的仪器与试剂。

4. 写明收集各馏份的收集方法及体积，成分的检测方法。

5. 写出本实验的注意事项。

三、提示

1. 本实验固体混合物中含对甲氧基偶氮苯 2mg，苏丹黄 10mg，苏丹红 10mg，对氨基偶氮苯 2mg。

2. 装柱时要均匀，填料可用中性氧化铝(柱色谱用)。

四、思考题

1. 如何用柱色谱法分离制备大量的所需样品？

2. 如何提高制备色谱所得样品的纯度？

3. 如何检测收集样品的纯度？

实验四十二　中药胆矾中 $CuSO_4$ 的含量测定

一、目的与要求

1. 熟悉制定试样分析方法的思路及该方法应包含的主要内容。

2. 全面回顾、总结所学各种分析方法的原理、条件与应用。

3. 较全面地考查学生学以致用的能力，分析、解决问题的能力及思维的逻辑性与严密性和书面表达水平。

二、要求

1. 教师提前两周将实验内容告知学生，要求学生在一周时间内通过回顾总结所学知识及查阅相关资料与文献，每人至少拟定一份 $CuSO_4$ 含量测定的方案。

2. 教师对每份分析方案进行认真审阅，除指出其中的不足之外，还应提出改进的思路与方法。

3. 教师对学生的分析方案进行集体讲评，肯定成绩，归纳出有共性的不足，给出改进意见或建议，使每位同学都从中受益。

4. 根据实验条件，从学生制定的分析方案中，选出几个方案作为实验方案，并告知实验员进行必要的准备。

5. 开放实验室，学生实践自己的分析方案。

6. 实验完毕，写出实验报告，并总结本实验的心得体会，提出意见或建议，以便不断完善，提高此类实验的内涵和学生的实践能力与水平。

三、实验方案可选用的分析方法

1. 重量分析法

将 SO_4^{2-} 以 $BaSO_4$ 的形式沉淀下来，沉淀经过滤、洗涤、灼烧至恒定，根据沉淀称量的质量，计算 $CuSO_4$ 的含量。

2. 配位滴定法（返滴定法）

先以一定过量的 EDTA 标准溶液与 Cu^{2+} 作用完全，再以 Zn^{2+} 标准溶液反滴定剩余的 EDTA，以二甲酚橙为指示剂。

3. 氧化还原滴定法（间接碘量法）

先以过量的 KI 与 Cu^{2+} 作用，析出一定量的 I_2，再用 $Na_2S_2O_3$ 标准溶液滴定析出的 I_2，以淀粉为指示剂。根据 $Na_2S_2O_3$ 标准溶液的浓度和用量，计算 $CuSO_4$ 含量。

4. 可见分光光度法（标准曲线法）

制备标准系列溶液，测定吸光度，绘制标准曲线。测定试样的吸光度 A_x，通过标准曲线查出试样 Cu^{2+} 含量，进而计算 $CuSO_4$ 含量。亦可用可见分光光度法的标准对照法或吸光系数法。

用可见分光光度法分析 $CuSO_4$ 含量时，显色剂系统可用双硫腙的氯仿溶液；显色酸度为 $0.05 \sim 0.1mol/L$ HCl；以氯仿或四氯化碳为萃取剂；测定波长为 533nm；$\varepsilon_{533nm} = 2.9 \times 10^4$。

5. 电位滴定法（配位滴定）

配位滴定用电位滴定法确定终点。用 EDTA 标准溶液滴定 Cu^{2+}，以 $Hg/Hg - EDTA$ 为指示电极，SCE 为参比电极。

四、注意事项

1. 学生拟定的分析方案应包括以下主要内容：①方法名称；②基本原理；③试剂与仪器；④操作步骤及含量计算式或计算思路；⑤注意事项。

2. 学生需特别注意用某方法测定待测组分含量时条件的控制与干扰的避免。

3. 应尽量使自己设计的分析方案科学、周密、简便可行。

参 考 文 献

[1]   黄世德，梁生旺.分析化学实验.北京：中国中医药出版社.2005 年

[2]   钱晓荣，郁桂云.仪器分析实验教程.上海：华东理工大学出版社.2009 年

[3]   王新宏.分析化学实验.北京：科学出版社.2009 年

[4]   张荣泉.分析化学实验.北京：科学出版社.2012 年

[5]   赵怀清.分析化学实验指导.北京：人民卫生出版社.2004 年

[6]   罗立强、徐引娟.仪器分析实验.北京：中国石化出版社.2012 年

[7]   白玲，石国荣，罗盛旭.仪器分析实验.北京：化学工业出版社.2012 年

[8]   陈媛梅，张春荣.分析化学实验.北京：科学出版社.2012 年

[9]   中国科学技术大学化学与材料科学学院实验中心.仪器分析实验.合肥：中国科学技术大学出
       版社.2011 年

[10]   张剑荣，余晓冬，屠一锋，方惠群.仪器分析实验.北京：科学出版社.2009 年

[11]   李志富，干宁，颜军.仪器分析实验.武汉：华中科技大学出版社.2012 年

[12]   张广强，黄世德.分析化学实验.北京：学苑出版社.2001 年